# 职场巅峰

ZHICHANGDIANFENG

马行余 / 著

长江出版传媒
湖北人民出版社

**图书在版编目(CIP)数据**

**职场巅峰**/马行余著.
武汉:湖北人民出版社,2014.8
ISBN 978-7-216-08329-4
Ⅰ.职…　Ⅱ.马…　Ⅲ.成功心理—通俗读物　Ⅳ.B848.4-49
中国版本图书馆CIP数据核字(2014)第181535号

出 品 人:袁定坤
责任部门:文史古籍分社
责任编辑:邓　涛
封面设计:董　昀
责任校对:范承勇
责任印制:王铁兵
法律顾问:王在刚

| | |
|---|---|
| **出版发行:** 湖北人民出版社 | **地址:**武汉市雄楚大道268号 |
| **印刷:**武汉贝思印务设计有限公司 | **邮编:**430070 |
| **开本:**710毫米×1010毫米 1/16 | **印张:**10 |
| **字数:**158千字 | **插页:**3 |
| **版次:**2014年8月第1版 | **印次:**2014年8月第1次印刷 |
| **书号:**ISBN 978-7-216-08329-4 | **定价:**36.00元 |

本社网址:http://www.hbpp.com.cn
本社旗舰店:http://hbrmcbs.tmall.com
读者服务部电话:027-87679656
投诉举报电话:027-87679757
(图书如出现印装质量问题,由本社负责调换)

# 前　言

《职场巅峰》的表象是一堂课，一堂超级棒的课，一堂完全可以改变一个人心路历程的课，一堂能够启动个人职场成就与梦想的经典之课。课程的整体设置近乎完美，三天两夜中紧凑的内容环环相扣，通人性，接地气，有内涵，引人入胜，令人流连忘返；还有更多隐形的观点与价值让人回味无穷，意犹未尽，而引发参训人员无尽的思考与现实联想。

所以说《职场巅峰》其实就是一个文化，但这个文化不是很抽象的，而恰恰是很具体的，它是通过课程的形式在一个很清晰的轮廓下能够很真实的体验和触碰到的文化。亦可以说，凡是参加《职场巅峰》课程培训的，其实就是在进行一次文化洗礼，必然会在心里留下深深的烙印和挥之不去的记忆，无论多少年之后的再回首，这种烙印和记忆依旧会是历历在目，因为它真的是刻骨铭心。

《职场巅峰》这个文化还是一个实用文化。个人具备了这种文化，就会自觉自发地修正自己的职场行为而顶天立地，就会因为这种文化的个体呈现而再上高峰；团队拥有了这个文化，就会演变成强大的攻坚杀伤力而在绩效目标上无关不克，还会因为这个文化的存在而使得团队更具人文魅力和吸引力；企业融入了这个文化，就会延伸出更加顽强的生命张力而在发展的道路上大展宏图，企业会因为这种文化血液的融合，而一路更具活力的前行。

《职场巅峰》还是一个职场与巅峰两个概念的研讨课题。什么是职场？什么是巅峰？这里的职场与巅峰与一般性名词的职场巅峰略有不同，传统理解的职场就是职业的场合，巅峰就是职场上的高峰，或者直接明确一个高位。但在《职场巅峰》文化中，职场是指自己自踏入职业工作开始一直到彻底退休的那一段岁月，这是一个人生命的宽度，也是一个人生命最灿烂最可能精彩绽放的时间。巅峰则是指一个人在这段时间中的状态，一种一直被人称赞、被自己肯定的状态，只要遵循这种文化，即使绩效不在高峰，职务不在高位，它也是符合这个文化理念下的对于巅峰的定义的。

由此我们了解了《职场巅峰》的教义，清晰了《职场巅峰》文化的主旨，所以可以认定这个文化的终极目标就是要让每一个参与者都生活在快乐、健康、富足的职场旅途上，畅享生命自身的意义乐趣，品尝生命本义的幸福感受，用巅峰的状态从容一生，且行且美满着。在职场路上，经济不丰沛时，也能够做到融众而修善其身，不忘去完美自我的身心；当收入宽裕时，可以很自然的善众而兼济天下，总能有意愿去帮助他人成长；正是因为有了这样的初衷，并渐渐升华到一个使命的高度，便不由得要和中华传统文化交织，不由得要导入伟大而灿烂的中华文明的一点养分。于是，在众多璀璨的普世圣贤文化中，《职场巅峰》重点融合了孝悌理念，以此一角来弘扬民族文化的不朽和华夏文明的光彩。本书所有故事都是从浩瀚的中华历史中撷取而来的，它们就如一段段华彩，既可以产生感悟，又由此多了一点历史认知，在传播《职场巅峰》文化的同时，也传承了古老文明的衣钵，使这种精神也得以光大，以飨心中愿望和对祖灵的敬仰。

因为这么多的精华汇聚在一起，所以《职场巅峰》成为经典。虽说所有课程不是绝对的原创，但即使是引入的科目，我们都对它做了同频的处理，所以在感受上一脉相承，回味久远。

步入职场，要想更快发展，就一定要学习，进步往往由学习力决定。任何的停滞首先是思想的停滞，当自己满足了，不愿意学习了，你和他人的差距也就拉开了，这是当下职场环境中百分之百的真理。而学习什么则是智慧的选择，面对未来，首要完善的一定是对自己的认定，只有觉察了自我，才能知见潜能，才能行忠笃信，才能实现人生职场巅峰的美好梦想，因为只有第一步走对了，才能保证后面的路程有可能是对的。

所以《职场巅峰》是一堂非上不可的课程，而且应该是越早上越好的课程，所以我们可以负责任的在这里推广说：如果说人在职场一定要参加一次培训的话，那一定就是这堂《职场巅峰》了。

2014 年 4 月 12 日武汉

# 目　录

## 一、启动自己成功的一堂课

1. 成功路上需要一位好教练 …… 1
2. 教练就是一面镜子 …… 4
3. 照见自己很重要 …… 7
4. 祖灵的力量 …… 9
5. 学习者的五种类型 …… 11
6. 绝不做孺悲 …… 14
7. 十秒钟掌声 …… 16
8. 一生都不会遗落的记忆 …… 18
9. 尊重游戏规则就是尊重自己 …… 20
10. 团队的三各、不、对 …… 22
11. 谁是助教？ …… 24
12. 人的三个时空 …… 27

## 二、我是我认为的我

1. 聆听开启良好的人际关系 …………………………………… 30
2. 诚实才有真朋友 ………………………………………………… 33
3. 第一印象是职场重要的路口 ………………………………… 36
4. 不被信任说明有问题存在 …………………………………… 39
5. 九鼎之人 ………………………………………………………… 42
6. 承诺是什么？ …………………………………………………… 45
7. 人在职场上，心呢？ ………………………………………… 48
8. 主动才能有业绩 ……………………………………………… 51
9. 氛围的力量 …………………………………………………… 54
10. 为什么会是现在这个样？ ………………………………… 57
11. 开放而收获了真诚 ………………………………………… 60
12. 我能做别人的死党吗？ …………………………………… 63
13. 做个好主人 …………………………………………………… 66
14. 孝的四重境界 ………………………………………………… 69
15. 不孝是一切问题的根源 …………………………………… 72
16. 兑现心中的爱 ………………………………………………… 75

## 三、我是一切的根源

1. 一颗受伤的心 ………………………………………………… 78
2. 是什么不能让我进入别人的故事 ………………………… 81

3. 茫茫人海中的相遇 …………………………………………………… 83
4. 自卑者的话 ………………………………………………………… 86
5. 冷漠者总是很冷酷 ………………………………………………… 88
6. 高傲让自己陷入孤独 ……………………………………………… 90
7. 快乐总能催化氛围 ………………………………………………… 92
8. 如何穿上了盔甲 …………………………………………………… 94
9. 展现只有一次的生命 ……………………………………………… 96
10. 红黑游戏中的思考 ……………………………………………… 98
11. 活着的四个标志 ………………………………………………… 100
12. 选择信任选择融入 ……………………………………………… 102
13. 扩张团队的方法 ………………………………………………… 104
14. 黑暗中，把自己交给看得见路的人 …………………………… 106
15. 投入不投入，心里知道 ………………………………………… 108
16. 坚持到底，一定成功 …………………………………………… 110

## 四、一切皆能实现

1. 最快的晋升 ……………………………………………………… 113
2. 榜样的力量 ……………………………………………………… 116
3. 向团队天使致敬 ………………………………………………… 118
4. 不要一枝独秀 …………………………………………………… 121
5. 蛀虫是可耻的 …………………………………………………… 123
6. 不断用“无论……我都要”造句 ……………………………… 125
7. 是包袱就有被人遗弃的可能 …………………………………… 128

8. 让自己的舞台更精彩 …………………………………………………… 130
9. 播种好种子的三块田 …………………………………………………… 133
10. 破产很难再从头再来 ………………………………………………… 135
11. 新工作等于新开始 …………………………………………………… 138
12. 生命的祠堂 …………………………………………………………… 141
13. 领袖的别名叫担当 …………………………………………………… 143
14. 没有什么不能做到 …………………………………………………… 146
15. 彩虹墙上的字 ………………………………………………………… 150
16. 人在职场，就要登上巅峰 …………………………………………… 152

# 一、启动自己成功的一堂课

## 1. 成功路上需要一位好教练

说到成功路上需要一位好教练，莫不如说职场上要想成功，一定要有至少一位好教练。

我们可以观察到这样的现象：

幼儿园的两年里，同园的孩子们之间是没有差距的，即使有的孩子会背很多首唐诗，会有些才艺，但人们不会因此而否定其他的孩子；

小学的五年或者六年里，同一间教室里的孩子们之间是没有差距的，哪怕有的孩子一直很乖巧听话，总是得到很多的表彰，我们也不会就此结论其他的孩子没有希望；

中学的三年里，坐在同一个班级里的学生彼此之间是没有什么差距的，纵然有的学生明显的用功且成绩很好，又有哪位家长敢由此断定其中的哪一个学生未来是没有出息的呢？

高中的三年里，亦或是大学的四年、五年里，学子们之间依旧是没有什么差距的，他们或许学校有所不同，有名称上的区别，人们在自己的意识中会认定所谓好的学校走出来的，他的职场起点会更高，但一定没有人敢打包票说普通学校毕业的学生注定不行，或者说名牌学校毕业的学生注定行一样，在没有进入真正的职场前，所有的人之间是没有差距的。有的只是五十步与百步之间的区别而已。

人们评定的目光还是在职场上。

只要你毕业了，只要你步入了社会，踏进了职场，无须太久的时间，可能只需短短的三年或者五年的光景，同龄者之间的差距就慢慢显现，慢慢拉开。这个所谓的差距不是抽象的认为，而是实实在在用眼睛可以看得到，用知识可以判定得出，在任何一个人的心里都有着明确标准的。这个差距是真实的，是别人说你行与不行，你都不能辩白的真实。

我们必须要承认，社会上存在职场高低的标准和成败的判断。

只要存在功利，就存在贵贱，不承认者，是自欺欺人的掩耳盗铃。当有人向你灌输如此观点时，一定要注意，要么他是一个失败者，不过是想要多拉一个沉沦的人和他作伴而已，要么他是一个伪君子，虚伪面孔下面一定隐藏着什么目的，在实现这个目的前先要麻醉你一下而已，他或者也是高谈阔论的被害者，现在又要贻害你了。

承认有功利，不代表自己唯利是图，而是要激励自己更加向上、向善和向美，就是要告诫自己一定要把握好自己的人生命运，而人生最为灿烂的时光都闪耀在职场上了。

所以，职场上的光芒直接反映了你生命的质量。

而职场成败的判定，往往是从你当下的职位高低、所拿的薪酬多少、你办事能力的强弱和你所结识的社交圈的人脉层次等几个方面来着眼的。无论我们怎样强调，别人的（其实也包括你自己）印象和结论，我们总是无法改变。

我们能够直接改变的只有我们自己。

但进入了职场，我们就会发现职场其实是一个很不公平的场所。

以往，我们都是以同龄为伴，无论我们身处哪一所校园，面对的环境都是以同龄人为比较的对象。而现在，在职场这个硕大的校区里，和我们竞争的，或者和我们来争夺席位、市场、金钱和未来的，不仅仅有我们的同龄人，还多了数也数不清的年长我们5岁、10岁、20岁、30岁、40岁等等比我们更多职场历练的人。他们的勤奋中还掺杂着经验，他们的忙碌中还体现了一种只有重复千遍才有的熟练。

怎么竞争？无论之前我们的准备是多么充分，但在年龄、阅历和经验面前，我们就会发现我们是零起步，我们就是最弱的一族，我们所有的准备都不值得一提。

如何在职场上脱颖而出？如何在职场中立足脚跟？如何实现自己的职

场梦想？

如果我们一味地想着凭着自己的智慧、自己的判断、自己的力量去摸索前行，其实都一定是在走前人无数次走过的老路而已。即便我们很聪明，但只要是依靠自己的方式，都注定了它是一条不折不扣的崎岖之路，注定是做出了一种走得最慢的选择。

通过观察和总结，我们发现了一个规律，从古到今，但凡在职场上有所成就和有所作为的成功者，几乎无一例外地都能在他们的身边发现至少一位教练的身影。

东汉时期，有一个 15 岁的少年，名叫陈蕃，他一个人住在一个带有小院的大房子里，他立志要成就一番人生大事业。于是，他每日里都在这所房子里勤学苦练，畅想前途。

有一天，他父亲的朋友薛勤前来看望他，见到陈蕃所住房子的院内杂草丛生，满目荒芜，走进他的卧室更是卧榻凌乱，被褥不整，就禁不住问陈蕃："孩子，你每天都是这样不打扫房间和庭院吗？"陈蕃回答说："是的，大丈夫生在世上，当以扫除天下为己任，怎能去对付这区区一间小房呢？这岂不是在浪费光阴？"这句话说得颇有一些底气和豪迈。

薛勤暗暗惊奇于陈蕃这般年纪就有如此远大的抱负，不禁心起赞叹，但在欣赏之余，他同时又看出了陈蕃身上存在的问题，便对陈蕃说："儿虽志向可嘉，但一屋不扫，又何以扫天下呢？"

陈蕃顿悟，忙跪下赔礼，并对薛勤表示听从他的意见，从今起，便从打扫自己的小屋开始自己的职场历练，不再好高骛远，一味空谈了。

后来的陈蕃果然发达，到汉灵帝时，官至太傅，成为流传至今的东汉名士。

薛勤就是陈蕃的一位教练，陈蕃的成功，凝聚有薛勤的心血。

古往今来，道不远人，莫不如此。没有谁是天生的雄鹰。

教练不是指挥我们的人，而是给我们智慧的人；教练不是安排我们命运的人，而是让我们看见我们自己的人；教练不是事无巨细都手把手教会我们的人，而是使我们不断修正自己人生路的人。

教练，他可能是我们的父母，可能是我们的老师，也可能是我们的上级和朋友。

总而言之，教练就是职场上让我们看到自己的镜子，就是职场上不断激发我们力量的催化剂，就是职场上使我们不走或者少走弯路的指南针。

## 2. 教练就是一面镜子

职场上，为什么一定要以人为镜，而不是以镜为镜？

关键在于我们要什么？如果我们只是要整理一下自己的仪表，那么以铜、以玻璃做的镜子就足够用了。但我们要的是更复杂的、更抽象的、更综合的职场信息。职场价值观和职场成长的理念，它不可能由某一物质来替代，只有人才能达成这样的标的。

普通镜子照见的不是完整的自己，它反射的只是一张外在的静面的皮。

要想职场出人头地，只有以人为镜。

以人为镜有两种体现方式：

第一，以他人的经历、经验和教训为镜；更多的表现形式是以史料、书籍、故事、身边的人身上发生的事例成为自我反衬和思考的素材。在脑海中想象出自己是否是处在相同或者相似的状况当中，是不是在面对相同或者相似的事情，是不是在心态和表象上与之产生了某些类似的重叠？从而归纳总结并规范出自己的言行与举止；

第二，就是在当下的时空中以他人对己的直接性质的审察、评述、认知和观点来反观自己的外在形象、整体表现、价值呈现和主体印象。用他人的视角来察觉这个人是自己吗？是我想要反映的我吗？是，为什么是？不是，为什么不是？同时思考我的影像是如何投射到对面这个人的印象当中的。

啊，原来这个就是我，原来我就是这个样子啊。

这样的思考是必须的必要的，因为我们还必然要经历下一个时空，在下一个空间里，我还要保持现有的这个样子吗？

对面的人就是我们的镜子，就是我们的教练。

唐朝的李世民毫无疑问是浩瀚的中国历史上最伟大的皇帝之一，他之所以伟大，和他有一面伟大的镜子息息相关。

魏徵，本是太子李建成的幕僚，曾经极力劝说建成先下手杀掉李世民。玄武门之变后，秦王李世民成为最后的赢家，他派人捉来了魏徵，当面质问：“你为什么在我们兄弟之间挑拨离间？”

魏徵不卑不亢地回答：“可惜太子没有听我的话，不然，也不会发生现在这样的事了。”

李世民听了，很气愤，但同时他也觉得魏徵说话直爽，有胆识，是可以很好反映自己真实状况的人。他非但没有责怪魏徵，反而和颜悦色告知他，过去的事情就过去吧。

李世民成为唐太宗之后，便提拔魏徵为谏议大夫。

从此，魏徵就成为了李世民的一面镜子。

有一次，有位大臣给唐太宗写了一份意见书，上面批评了三件事：“一、修洛阳宫是劳民伤财；二、收地租是加重百姓负担；三、民间女子梳高髻的时髦习俗，是受了皇宫嫔妃的习染。”他希望李世民能够采取措施，制止和改变这种现象。

唐太宗接到上书后很不高兴，对魏徵说：“这个人的用意就是不让国家使用一个劳役，不收一粒粮食的租税，不让宫中的人留头发！”于是打算严惩这位大臣。

魏徵看穿了太宗的心思，劝道：“自古上书者，多是言辞激烈，切中要害，不这样就不能打动人心。这看起来像是诽谤，其实用心良苦。所以即使是有狂夫之言，但有德行的皇帝也不能置之不理，应当听取它正确的一面，抛弃不正确的一面。陛下您千万要慎重从事，万不可因一时的偏见，感情用事，随便处置一个勇于提尖锐意见的人。否则以后还有谁敢在您的面前大胆直言呢？”

魏徵的话让李世民面红耳赤，很没面子，很不耐烦，很想发作，但又怕在其他大臣面前丢了自己接受意见的好名声，只好勉强忍住。退朝回到内宫后，他仍怒气未消，还气冲冲地对长孙皇后说：“总有一天，我要杀了这个魏徵！”

由此可见镜子的作用和镜子起到作用时的状况。所以当有的人的话语让你心情不好的时候或许他就是你的一面镜子。

还有一次，唐太宗得到一只雄健俊逸的鹞子，在自己的内室里，他让鹞子在自己的手臂上跳来跳去，赏玩得很高兴，这时，魏徵有事求见。太宗怕魏徵撞见提意见，可又回避不及，就赶紧把鹞子藏到怀里。而这一切早被魏徵看到，他在禀报公事时故意喋喋不休，拖延时间。而太宗不敢拿出鹞子，结果鹞子被憋死在怀里。

史书记载，魏徵向唐太宗进谏200多次，每一次都很直截了当，每一次都使太宗感到不快乐，但也正是唐太宗以人为镜，才成就他成为千秋之帝，同时书写了李世民与魏徵的一番千古佳话。

以人为镜的镜子是有声的，而这个声音往往不是甜言蜜语，常常会使自己感觉不是很舒服。所以，当职场路上遭到批评时，可能就是遇到了教练，可能就是在面对一次机会。

由此可以结论，无论什么理由，都不要拒绝自己的镜子，因为拒绝镜子都是一种潜意识的逃避，都是自身浅薄的体现，都是自卑亦或是过度自恋的表现。

一定要清晰认识，拒绝的不是镜子，不是教练，而是自我的职场成长。拒绝的其实就是自己。拒绝的出发点往往来自自己内心的不强大、不自信。其实，职场教练这面镜子只是让你照见你自己而已。

## 3. 照见自己很重要

身在职场，能够时刻的照见自己，这是职场上最为难能可贵的事，也正因为有这样的难度，才使做到者少之又少，也才有了“二八定律”的出现，也恰恰因为是这样的概率，才使得做到的人最终都成为了职场上的佼佼者。

大千世界，芸芸众生，更多的是常人，所谓常人，就是难以持久的为自我理想而去彻底修行的普通人，这些人普遍的姿态就是以眼睛来看待世界，看待他人，而很少或者根本就不愿去看见自己。自己究竟是什么样，究竟在别人的眼中是什么形象，无所谓，他能看见的永远是别人，永远都是他人的外在形式。

但人在职场上，真的甘心去做普通人吗？真的愿意放弃少时的梦想吗？真的不愿意去为自己的人生拼搏一下吗？答案可以肯定的是NO，是不愿意！

怎样去做，怎样去实现，怎样去践行，才是人们困顿所在，才是我们迷茫的原因。如果有更好的方法、更好的建议，更好的行动方案，谁会不去做，不去实现，不去践行呢？

只要有人在职场上成功，有人在职场上获得了成就，就是在说明职场上一定有更好的方法，更好的建议和更好的行动案。关键看你有没有一双慧眼去察觉，去发现。

现在可以明确表达，这个更好的方法、更好的建议和更好的行动案，其实就是照见自己，而照见自己其实就是知见自我，就是了解自己，就是自我管理，就是发挥自己的最大潜能，就是自己能够求助到自己。

我们听过这样一个故事：有一个人在屋檐下躲雨，看见观世音菩萨正撑着伞从眼前走过。他赶忙说：“观音菩萨，观音菩萨，请你普度一下众生吧，带我一段如何？”

观世音听到后，停下了脚步，伫立着对他说：“我在雨里，你在檐下，而檐下无雨，你不需要我度。”这个人一听，就立刻跳出檐下，站在了雨中，接着说：“我现在在雨中了，这下你该度我了吧？”观音说：“你在雨中，我也在雨中，我不被淋，是因为有伞；你被雨淋，是因为无伞。所以不是我度自己，而是伞度我。你要想度，不必找我，请自找伞去！”说完便走了。

第二天，这个人遇到了一件难事，便去寺庙里求观音。走进庙里，忽然发现在观音的像前有一个长得和观音一模一样、丝毫不差的人也在拜观音。

他很奇怪，便向那人发问：“你不是观音吗？”

那人答道：“正是。”

这时，这个人更加奇怪了，禁不住又问：“那你为何还拜自己啊？”

观音笑了笑，回答道：“我也遇到了难事，但我知道，求人不如求己啊。”

观世音，佛道两家共享的菩萨和真人。这个名字本身就是灿烂的中华文化的一个符号与美好寓意，何为观世音呢？观是审察，世是宇宙，音是万象，所以说观世音的真实含义是通过心来审视宇宙间万物的规律，发现它，应用它。

观世音还有一个别名叫观自在，观依旧是审察，自是自身，在是存在的实质，观自在的寓意是指用心审视自己的存在方式和价值，去虚留实，删躁悟静，弃浮存义，洞察生命的本义来实现生命的升华。所以说观自在就是照见自己的意思。

观世音与观自在是同一个人物，本身就说明人在看世间万物的时候，也要时时刻刻观察自己的品行，唯如此，才是完整的一个人。

富有这样涵义的文化，在中国这洋洋五千年的历史画卷上还有很多很多，职场上，尤其在中国这块土地的职场上，真的不需要漂洋过海，一味的西学东渐，只要了解中华文化的一个轮廓，或者粗枝大叶，或者说就是一点皮毛，也自然而然地会找到自己在职场上的另外一面镜子。而这面镜子为中国人独有。

## 4. 祖灵的力量

中国人多少要知道点中国的传统文化，其核心是圣贤的教诲，这是华夏子孙共有的宝贵遗产，这个巨大的财富里有我们想要有的一切力量。

当我们吸收历史的经验教训时，历史便成了我们的教练。

职场，不是今天才有，有人类开始，就有职场的存在，只是一个时期的称谓或许不同而已。所以，职场上的故事从古到今，每天都在发生着，自然每天都有人在归纳和总结，作为后人，直接享用，真是一件天大的福分。

关于学习，圣贤这样说："君子谋道不谋食，耕也，馁在其中矣，学也，禄在其中矣，君子忧道不忧贫。"意思是说：我们啊，要时刻考虑正确的做事的态度，而不要整天去思虑一日三餐的事情，可以看看，那些时常饥饿的人，恰恰都是种地的人，而那些付出时间去学习的人，却有着衣食丰厚的俸禄，吃也吃不完，所以啊，我们应该忧患一下我们现在是不是走在正确的路上，而不应该忧患自己现在是不是很贫穷。

没在路上，富有也是暂时的，在路上，贫穷很快就会成为过去。

用今天的话来说，就是选择大于努力。而这个选择绝对不是选择行业或者岗位，因为行行出状元早已成为家喻户晓的名言。这里的选择指的是态度，是指自己对待职场的态度。

关于价值观，圣贤这样告诫："邦有道，贫且贱焉，耻也。"意思是说：一个人在国家政治清明，国力昌盛的时期，如果你已过了而立之年，但你依然很穷或者地位很低下，这是很可耻的事情啊。潜台词是：你快要醒醒啊，别再荒废这大好时光了。

平心而论，当下之中国的状况，就是近千年来最好的时期，是典型的盛世，只要用心付出就会必有回报，只要努力工作就会必有结果。

身在此时还去抱怨的，一定是书看少了，所以对别人乃至国家的要求就变高了。所谓无知而无畏，但关键的问题是，抱怨于事无补。抱怨最终还会让自己在不知不觉中慢慢沉沦下去。除了年龄，什么都不会增加，所以有人说：与其临渊羡鱼，不如退而结网。影射的就是这回事。

关于经营，圣贤这样看："近者悦，远者来。"意思是说：让自己身边的人快乐，有愉快的环境；让远处的人愿意到你这里来，有一个好的口碑。能够做到这两点的人或企业，即使在今天，同样会是成功的企业，同样会是有魅力的个人。

浏览中国两千多年来的文化典籍，关于职场教诲的语言比比皆是。稍加用心领悟，受用一生。

关于流程，圣贤这样论述："知止而后有定，定而后能静，静而后能安，安而后能虑，虑而后能得，物有本末，事有终始，知所先后，则近道矣。"意思是说：知道了自己清晰的目标后，神魂就会安定下来；当神魂安定了，心便会宁静；心若静了；自己的身形才能表现出沉稳来；而只有身子不浮躁，才会去真正的思考，去规划；只要是用智慧思考，用智慧规划的，无一没有收获。这就是事物的发展规律。

凡事要先立项，立项要清晰。这山望着那山高，最后就是竹篮打水一场空。

这样的规律从古到今都没有变过，变过的也就不会是规律了。

关于贫富，圣贤这样讲："穷则独善其身，达则兼济天下。"意思是说：人在世上拼搏，无非两个结果，一个是富有，一个是贫穷。贫穷时要不断的自我完善自己，而不要依赖外围的改变，明确君子求诸己，小人求诸人的道理；而一旦努力有了结果，成为了富有者，也要以天下为使命，去不遗余力地做一些帮助别人也能成功的事情。

这就是中国古代圣贤的思想和观点，它的光芒穿过千年迷雾，依然熠熠生辉，今天再来品读，依然流连忘返，让人心生敬仰。

作为一名学习者来说，这样的道理从我们生下来就似乎一直在听。父母说，老师讲，上级领导也成天念叨。道理没有变，道理每一个人都懂，但人人的归宿却又各不相同，这是为什么？原因就在于每个学习者的诉求不同，态度不同，内心理念不同，所以最终到达的终点也不尽相同。我悉数归纳了一下，学习者无外乎下文的五种类型。

## 5. 学习者的五种类型

人说人上一百，形形色色，的确是百人百姓百脾气。

任何一方事务，都能遍览人间百态。

按说学习是件好事情，但时下各类培训、学习的信息多如牛毛，且鱼龙混杂，令人目不暇接却又难辨虚实与良莠。于是学习这样一个利人利己的好行为，到了不同人的思想中就有了不同的解读和反映。

第一种类型：被逼迫才会去学习的学习者。

不是不爱学习，而是有人或是自认浅薄，没有能力去学习；或者是自我感觉良好，暂时不用学习；或者自认现况，想都没有想要去学习。

但他有朋友，有好朋友，有关心他成长的朋友，有一直在悄悄注视他进步的朋友。只要拥有这样的朋友，他就不会缺失学习的信息，就会在自我发展面临瓶颈时，有人现身来逼迫他去参加这样那样的学习。这也从侧面说明他是个值得人去逼迫的人。

这也是一种个人价值的体现。

第二种类型：给他人面子而去学习的学习者。

生活中的人情世故千丝万缕，散落在人间的角角落落，几乎是无人能够逃脱掉，便是遁入红尘外的不俗之人，也时常显露出心中的牵挂。

本无意于朋友推荐的课程内容，但碍于好朋友一番盛情和不忍驳回他的面子，便被动选择了接受，在心里还有很释怀的话，那就是：我已经还了你的人情啊。

当然，相同的场景，有时也并不全是给面子，而是不要拒绝别人美意的品德在发挥作用，只是两者不好区分罢了。

第三种类型：被人“骗”去学习的学习者。

当劝你不去，逼你也不去时，好朋友可能就只剩下“骗”你去学习这一条路了。

这个骗字要不要加上引号，要看学习内容、学习效果和学习目的，本书谈的都是正能量的内容，所以要加上引号，所以这里的被“骗”者应该是幸福的。说明有人为了你的职场成就开始不择手段了。“骗”你的人一定是爱你的人，他一定是个性情中人，一定是要为你担当到底的人，也一定应该是你认真思量又要认真对待的人。

第四种类型：想去证明自己很行的学习者。

我是参加过很多学习的人，我见得多了，你的课程，你们的培训或者学习内容对我一定没有效果，不信，我就证明给你看。

这个“我”是一个自负的人，或许他现在过得不错，或许自认相当成功，但只要他是这类型的学习者，就说明他有学习的必要，而且十分必要。否则他真的不用再去学习什么了，当然也就不会有上述的思维活动了。

第五种类型：确认自己需要提升的学习者。

这是人类当中进步最快的一群人，他们总是能够未雨绸缪，总是能先人一步，总是有足够的时间去学习，去深造，去提升。

他们把很多时间用到了学习上，却丝毫没有耽误他人生计划的设施，所谓磨刀不误砍柴工，也就是孔子大智慧“工欲善其事必先利其器”在现实生活中的具体体现。

在中国这条漫漫的长河里，最大的学问家，非孔子莫属。孔子学识渊博，和他的谦逊好学不无关系，在知识面前，他可以拜七岁的孩子为师。

这一天，孔子带着弟子周游列国，他们驾车往东赶往晋国。

途中，经过一座村落，路当中有一个孩子在堆砌的一些碎石瓦砾里玩耍。见车疾驰来而不避，挡住了车的前行之路。

孔子下车对小孩讲：“你不该在路上玩，这很危险，又挡了我们的路。”

小孩仰着头对孔子说：“老人家，你看这是什么？”边说边指向那片碎石瓦砾，孔子一看，原来碎石瓦砾摆成了一座城的样子。

小孩又说：“自古都是车让城，哪有城让车的？”

孔子无言以对，只好绕路而行，过了这座“城”之后，孔子深感这个孩子的聪慧及与众不同，列国少见，非神童莫属，有心收他为弟子，于是特意返回，见到孩子后，孔子捻须说到：“观你这孩童才智过人，今你我各出一题，互为应对，胜者为师，如何？”

不想这孩子立马正色的回答道：“不可戏我。”

"哈哈，童叟无欺，怎敢相戏？"

孔子出题道："人生于世，皆托日月星辰之光，地生五谷，方养众多生灵，且问小儿，天上有多少星辰，地上有多少五谷？"

孩子随口道："天高不可丈量，地广不能尺度，一天一夜星辰，一年一茬五谷。"

孔子瞠目结舌，暗自赞叹。

稍顿，孩子出题问："人之体比地小，目之眉比天低，二眉生于目上，天天可见，人人皆知，夫子可知二眉有多少根？"

孔子无以对，依适才君子之约，正要问如何拜师，孩子已纵身跳入旁边的水塘中，孔子不知何故，小孩浮出水面道："沐浴后方可行礼，夫子也来沐浴。"

孔子道："吾不曾学游，恐沉而不浮。"

小孩脱口而出："不然，鸭子不曾学游，反而浮而无沉。"

"鸭有离水之毛故而不沉。"

"葫芦无离水之毛，也浮而不沉。"

"葫芦圆而且内空，故而不沉。"

"钟圆且内空，何又沉而不浮。"

孔子终被问得面赤语塞，心悦诚服。小孩沐浴毕，孔子设案行礼，诚拜小孩为师，问其姓名，答曰："项橐，时年七岁。"孔子一行自此打道回曲阜，从此不再东游。

这便是孔子"三人行，必有我师"主张的生活原型，可能也是孔子成就大学问家的奥秘所在吧。所以学习首先是态度的问题，然后才是方法的问题。

## 6. 绝不做孺悲

职场时期的学习和培训都是相对短暂的，不再以年作计时单位。因为职场中人的主要职责不是学习，而是工作。

步入职场，再想全身心的用一大段时间去学习，恐怕只有在梦中了。可惜的是，知道这个道理时，学生时代已经成为过去时。留恋的记忆慢慢成为怀旧的话题。

如果说进入到职场环节才知道学生时代的轻松和美妙，那么当我们老去的时候一定会感慨职场时光里的付出是多么幸福的事啊。所以，一个时期做一件事，做一件符合这个时期特征的事，又去做好它，真是太有意义了。

或许是源于学生时代的心智问题，或许是对未来存有天然的虚幻，很多人在校园里的苦读与其在职场上的发展大相径庭，因此初次来到全新的职场时，忽然发现自己竟然走到了一个需要从头再来的拐点。

必须重新学习的焦虑浮出水面。正是这种需求的急升，带动了一个新兴产业的崛起和兴旺。在成人继续教育市场风生水起的背后，看上去也是对应试教育的一种审判。

职场中怎样高效的学习，是绕不过去的课题，必须要找到这个方法。

都说时下是信息爆炸的年代，每天海量的各类信息和知识充斥着眼球，蛊惑着一颗颗躁动的心。若没有定力，琳琅满目的主题，每一个都想历经一下；若没有目标，犹如失去方向而任意漂泊的船，来自任何方向的风都是逆风。

方法其实说来也很简单，就四个字：举一反三。

孔子对他的弟子们说过这样一句话：你们没有到特别渴望知道某一项知识的时候，我是不会去开导你的；你们没有到心里极其想说而嘴上又表达不清的时候，我是不会去启发你的；当我告诉了你们桌子一角的形状，你们不能说出另外三个角的形状来，我以后再也不会教你们了。

可见死读书，读死书的人自古有之，孔夫子如此说，也着实被某些学生的愚笨和教条给气坏了，甚至是气到伤心之地步了。

当时还有人以为这只是老师的气话，但很快孔子就用行动证明了他的掷地有声，说一不二，守信而不打诳语的人格特质。

楚国人孺悲，曾经在孔子处学习过礼仪，学习期间不善举一反三，闻而否喻，常有未达之状，教一是一，教二是二，从不思改进。正是此期间引发了孔子的上述感慨，一个学期完成后，孔子在孺悲名下做了“则不复也”的记号。

一年后，孺悲又想向孔子求学，他带着学资从楚国来到鲁国，来到孔子舍前，对门童报上了姓名和说明了来意，一会，门童回复说，老夫子说他病得很重，不能见你。但门童的话音未落，从孔子的书房里便传来孔子弹瑟的声音，接着又传来孔子那洪亮的歌声，根本就不像在生病。孺悲似有所悟，悻悻离去。

这时同在书房的弟子同样不解，问孔子何故，孔子答道：“我是故意让他听见的，这样也许就是对他最好的教育。”

是啊，如果不能彻悟，不能贯通，不能举一反三，任何一堂课都是没有意义的，因为有限的学习时间里无法也不可能涵盖你的所有学习之需，只有领悟了道理、学理和事理，触类旁通，以点带面，才是成人学习之正道啊。

在孔子这看似极端的方式中，恰恰是孺悲得到了心理上的冲击（伤害），这就是曲线的帮助，是含隐的授教。虽说就出发点和结果来说，都是善意的，都是为了治病救人，但换位思考，对于孺悲个人的心灵来讲，这样的境况与尴尬确实有些可悲，所以，成人学习，一定要认真投入，一定要举一反三，为了自我的尊严，也不要去学做孺悲。

不做孺悲式的学生，不光要有心理意识，要有心态调节，还得要有外在的表现，这个外在表现多种多样，以投入的状态为必要条件，其中最简单的就是掌声。

## 7. 十秒钟掌声

给自己掌声，给同学掌声，给老师掌声，给教练掌声，给学习场掌声，只要是在做有意义的事情，就要给掌声。不断而热烈的掌声会自然而然地带着你进入一个学习的奇妙境界，会产生意想不到的人际关系和学习成果，这是一个屡试不爽的技巧。

掌声对自己的健康也大有裨益，此非虚言。

据中国传统医学著作之首的《黄帝内经》之《灵枢》记载，人体的膻中穴，乃为人气之海。本穴物质为胸堂上部的气态物聚集而成，故为人之气会。

这部具有2000多年历史的中国最为奇异的宝典《黄帝内经》是很具权威的，它神奇的内容至今还在影响和推动着中医、养生、阴阳五行、脉象等学说的发展和进步。

人体两乳之间最正中点便是膻中穴，膻中穴的穴义是指任脉之气在此吸暖胀散，所以经常性运动该穴，能使腹内气体流动，胸部舒畅宽松，通达经络，理气散瘀，一切气病皆可由膻中穴来调理痊愈，它作为理气降逆的要穴，已为中医临床广泛的应用。

膻中穴有宽胸理气的功效，气和志适，则喜乐由生。它是喜乐的源泉。

而运动膻中穴最简式的做法就是鼓掌，由此看来，因果理论也在此应验，即掌声给了他人，我们却收获了喜乐，还获得了赞誉和健康。真是送人玫瑰，手留余香啊。

我们以10秒钟能拍多少下掌声为例，让我们计时查数，看看自己的健康状况。

一般这样注释：10秒钟鼓掌在30以下的，说明这个人快死了；在30至40下的，属于疾病状态；在40至50下的，典型的亚健康；50至60下的，算是基本健康；而60至70下的，可以断定较为强壮，在70下以上的，表明此人很有活力。

而实际情况也是如此，掌声与其说是给予他人的，莫不如说更多是鼓给自己听的。最棒的励志，最好的暗示，最牛的激励，就是自我鼓舞，哪有没有掌声的鼓舞呢？

所以生活中的喜乐都是自给的。职场上的成功也是自给的。

近代史上的曾国藩就是一个依靠不断自我激励而脱颖而出的显赫人物。

清末，曾国藩率领自己组建的湘军向太平天国的部队发起攻击，但在湖南老家，他就连续遭遇了失败，打不赢太平军的阴影笼罩在湘军内部，作为湘军灵魂人物，他痛不欲生，陷入到一种绝望当中，他曾经想以死洗辱，自投江中，但被其左右救起。

后来他上书朝廷报告军情时称湘军屡战屡败，请求严议。但思来想去，曾国藩最终把“屡战屡败”换成了“屡败屡战”。当朝廷看到奏章，认为曾国藩虽然连遭失败，但他仍然顽强地战斗，忠心可嘉，非但没有惩办他，还更加重用。

曾国藩从中得到鼓舞，大振精神，重新整顿军务，与太平军血战到最后。最终，攻破了天京，成为清政府镇压太平天国的首功之臣，得到了朝廷的重赏。

这里面，“屡战屡败”是心灰意冷的反映，存有意志消沉的悲观情绪；

而“屡败屡战”则是自我激励的掌声，反映出一种毫不气馁、百折不挠的顽强意志。

试想一下，如果当时曾国藩没有摆脱掉那种“屡战屡败”的消极，其结果注定是自我的沉沦，会自卑到自弃，不仅得不到重用，恐怕连性命都要搭上。

翻开历史，一路自我掌声而成长的人物比比皆是，我们在看到他们的彪炳成就时，还要往前翻，去体悟他的最初，他在人生低谷时的行为，在那里，有没有掌声，如果有，是谁给的呢？职场上，只有有掌声的地方才有鲜花，只有经常有掌声的地方才有希望，掌声犹如雄鸡啼鸣，如果身边没有，那自己就做第一个鼓掌的人，来带动掌声一片。

## 8. 一生都不会遗落的记忆

人生需要不断地充电，因为我们总在攀上新的平台，只要是新的领域，就存在未知的短板，就需要通过学习来弥补，需要依靠学习来完善。

没有二次，三次，乃至多次充电的生命，一定一直在某一个层面上徘徊，而没有实质上的升跃，这是悲哀的生命。一生中有没有充过电？充过几次电，这几乎就可以成为评述一个人生命质量的参考数据了。

活到老，学到老的人无一不是生命灿烂的人，一辈子除了义务教育再没有步入课堂的人大多是碌碌无为的一生，这也是规律。苍天给予每一个人的命运差不多，命是父母给的，运却是自己孕育的，学习改变命运，一点都不错，生活中最耳熟能详的话语，往往都闪耀着智慧的光辉，都有存世的价值和生生不息的理由。

看到新世界，了解新知识，掌握新技能，把握新信息，一切的一切，只要你想要的与新有关，就需要新课堂，也只有对你来讲是新的课堂才能解决你的新问题。

新知识、新技能的得来和储存来自听、读、看、记、背、写、说、做这八个方面，一般的学习与培训的方式也不外乎就是选择其中的一种或者两种拿来应用而已。但学习与培训的最高境界却游离这八个字之外，却又把这八项一网打尽，称之为复合性的体验教育。

一般听过、读过的，我们能记住 15%，看过、记过的，我们能记住 30%，背过、写过的，我们能记住 45%，说过的，我们能记住 60%，做过的，我们能记住 75%，而用身心投入体验过的，却能记住 90%以上，有的甚至会终身不忘。

明朝开国皇帝朱元璋是中国历史上最为节俭的帝王。他每天的早饭，“只用蔬菜，外加一道豆腐”。他所用的床，并无金龙在上，“与中人之家卧榻无异”等等。

究其源头，与其年轻时的人生体验不无关系。

朱元璋出身贫寒，祖代均为穷苦农民，少年时又逢元末乱世，为避世也为存活，朱元璋出家皇觉寺当起了小和尚，但在当时的那个年月，即使是在寺院里，也是清苦的，同样是缺衣少食，朝不保夕。

小和尚朱元璋外出化缘，三日走了上百里，也没有吃上一顿饱食，一日，他又来到一个小村庄，饥肠辘辘，疲惫万千的他，终于挺不住了，靠在村旁的大树下竟不知不觉地睡着了，其实是饿昏了过去。一个老婆婆正好路过，可怜和尚年龄尚小，不忍见死不救，便使人把朱元璋抬回了家中，又用家中仅有的菠菜根、剩饭和豆腐炖了一锅汤给他喂下。

朱元璋慢慢苏醒过来，又把剩下的小半碗汤一股脑喝完，觉得十分鲜美可口，精神大振，仍觉不过瘾，忍不住问老婆婆刚才喝下的是什么汤，老婆婆苦笑一下，半开玩笑的对他说："刚才给你喝下的是珍珠翡翠白玉汤。"

40年后，当了多年皇帝的朱元璋有一天突然生病了，什么也吃不下，口中无味，便想起了当年那甘美绝伦的珍珠翡翠白玉汤。御厨们很是惶恐，不知此汤的做法，便用上好的鲜料食材加上上好的珍珠、翡翠、白玉在一起精心熬制成汤，调出一碗献上，朱元璋喝下后龙颜圣怒，大声呵斥："这怎么能和我当年喝下的珍珠翡翠白玉汤相比呢？"

时隔40年，美味仍在眼前，这就是体验。

生命中的体验，不是生命中的经历。我们每天都在经历一些事情，但只要我们没有用心，即使相同的事情我们经历过好多次，它仍不能在我们的记忆硬盘中储存下来，原因就是没有用心，只有用心的经历才叫体验。

职场上的学习与培训要想得到永恒的保留，就需要用心投入的体验。

体验式学习获得的知识和技能，会让这些知识与技能附体跟随，因为这些知识与技能已经和我们的身体融合在一起了，已经成为了身体的一部分。

投入的体验体现在每一个环节都是认真的，每一天，每一步都是按照游戏规则来一丝不苟的参与，一丝不苟的感受，这既是对学习的敬畏，也是对自己的尊重。

## 9. 尊重游戏规则就是尊重自己

培训环节需要制定规则来保证培训质量,职场上同样需要规则的力量。

国有国法，家有家规。可以肯定的说：职场上所有的成功都是在规则的约束下得以实现的。没有了规则,等于没有了环境,没有了环境,自然没有了标准,没有标准,竞争就一定是不公平的。乱世枭雄诞生的时代,都不是正常的职场,甚至都不能说那是一个职场。

职场上成功，要经得起考验，要耐得住阳光的暴晒，真正的发展，都是自身在践行规则规范，都是在遵守约定的前提下获得。没有遵守规则的获取，是投机取巧,是舍本逐末,是短视行为,是不公平性竞争的产物,注定会要回偿的,也注定会是短命的。

人生一世，首先应求心安理得的生活，再从这个心境出发去成长。任何巧取豪夺,不按规矩出牌的人的最终下场一定是可耻的。

只要制定了规则，先不要说它是否科学，只要是对包括自己在内的所有人的约束,这个规则就是公平的,而不遵守规则就成了最大的不公平。

公平环境下开展竞争的心态是健康的,而心理健康又是职场发展的意义所在。任何不规范的操作都是让心灵蒙羞的行为。君子坦荡荡,不走所谓的捷径,因为我相信正直本身就是无价之宝,正直的生命本来就是辉煌的。

尊重规则就是不寻求特权，不凌驾规则之上，与所有人在规则面前和睦相处,因为鼓励寻求特权的结果就是人人都不遵守规则,人人都不遵守规则,就不存在职场秩序,没有秩序的职场就无从谈发展,没有了发展,这个职场也就解体了。

每个人的天性都是自信的，都是不甘被束缚的，当人人都有理由相信自己就是特权一族时,当每个人都嫌弃规则是一个累赘时,规则就快成摆设了,如果缺少强有力的凝聚,规则就会化为形式,一旦规则成为了形式,受伤的恰恰都是规则框架下的自己。

没有规矩,不成方圆。自古就是这个法则,无法逃脱的魔法。

二千多年前的春秋时代，英豪辈出，精彩故事轮番上演，其中孙武杀爱妃就是一幕富有职场哲理的大剧。

军事家孙武携带《孙子兵法》去见吴王阖闾，阖闾对孙武的军事能力和带兵能力表示质疑，便问孙武："你能带出有战斗力的女兵吗？"孙武自信地说："只要大王给兵于我，我必能带出善于征战的士兵，而不分男女。"

吴王将信将疑，不能决断。于是，吴王从后宫抽出180位宫女，交给了孙武，让他在两个月内把这些宫女带成能够打仗的士兵。

孙武受命，他把宫女编成两队，用吴王最宠爱的两个妃子为队长，然后开始教授她们一些基本的军事动作，并告诫她们要遵守军令，听从口令，不可违背规则。

不料，当孙武开始发布口令时，这些宫女们觉得十分好玩，一个个都禁不住地笑了起来。吴王也在一旁窃窃发笑。

孙武以为是自己的话没有说清楚，便又重复一遍，等到第二次发布口令时，宫女们还是只顾嘻笑。这时，孙武很严肃的对两队队长说："你们身为队长，要带头遵守规则，服从命令，否则你们是要承担责任的。"两位妃子自认为有吴王在旁观赏，这不过是个游戏，便嘴上哼哈应承了下来。

孙武经过这次整顿后，又一次强调了规则和纪律，让大家遵守，重申完毕后，孙武第三次发布口令，可是现场的效果更差了，宫女们笑的前仰后合。

但这次孙武生气了，他脸色一变，大声下令把两队的队长拖出去斩首，理由是队长领导无方，带头破坏纪律，按律当斩。吴王听说要斩他的爱妃，急忙向孙武求情，孙武说："君王既然已经把她们交给我来训练成士兵，我就必须依照军队的规则来管理她们，任何人违犯了军令都该接受处分，这是没有例外的。"结果还是把两队队长给杀了。

宫女们见孙武说到做到，个个都吓得脸色发白。当孙武第四次发布口令时，没有一个人敢再开玩笑了，每一个人都认真了起来。

孙武练兵，首要尊重规则，为规则可以三令五申，三令五申为整肃规则，后来这些规则帮助吴王阖闾成就了春秋五霸的伟业。

所以，职场上要保证得到发展，就必须先要立下规矩，立下了规矩，还要遵守，遵守规矩就是尊重我们自己的职场环境，就是尊重自己的发展诉求。只有有了这个前提，才能建立起一个优秀的有凝聚力的超能团队。

## 10. 团队的三各、不、对

职场发展的要领，是讲团队，而非个人。

团队好了，个人才会好，团队发展了，个人才能发展，团队强大了，个人才能强大。团队是个人发展的基础，这个基石不牢固，就建树不起优秀的个人来。

一个人能走多远，看他与谁同行。这个他不是个体，而是集体。

唐僧带领四个徒弟去西天取经，这五个同行者就是一个具有代表性的团队模式。唐僧是这个临时组建的团队的领袖，孙悟空是这个团队的业绩天使，沙僧和白龙马是团队中常见的忠厚老实任劳任怨但悟性不高的成员，猪八戒则是准蛀虫式的消极分子。

一路西行，一路风尘，一路磨难。十四年中太多的危机和危险在一次次考验着这个团队的忠诚度和生命力。只要取经的灵魂在，只要领袖的意志不散，虽然内讧，外敌，不可预见的麻烦、变故层出不穷，都无法拆散这个凝聚了使命的团队，只要团队在，任何的困难和阻碍最终都抛在了身后。

《西游记》绝对称得上是一本经典的职场教科书。从优秀领袖诞生记，到超级团队是怎样练成的，到职场明星的成长史，再到跟对团队做对事的案例说教等等都能找到对应的角色原型，除了唐僧师徒是人物板块外，一路的妖魔鬼怪和神仙也似乎可以在职场上遇到。

篇幅所限，我们就只看看取经团队成员吧。

这一年，唐僧师徒终于完成取经使命回到了大唐，大唐皇帝为他们的归来举行了盛大的颁奖典礼和按劳分封的仪式。在受封前，团队每一个成员都要发表获奖感言，用一句话来说明自己为什么会成功。

唐僧说：不放弃，不抛弃是我成功的原因；

孙悟空说：超越自我，战胜自我是我成功的原因；

沙僧说：任劳任怨，不抱怨是我成功的原因；

白龙马说：忍辱负重，不辞辛苦是我成功的原因；

满朝文武对他们师徒历经九九八十一难的故事了如指掌，对师徒各自的表现也历历在目，心中有数，对他们四位的回答是肯定的，认同的，也是客观属实的，所以目光都集中在了最后的猪八戒身上，看看老猪这回会怎么解释他这一路上的好吃懒做、争功挑拨、搬弄是非和贪色误事等等负面的行为举止。

猪八戒是个职场的行家，他知道大家的心思，也知道职场上的规则，更知道到了真佛面前要实话实说，而不要左顾而言他了，只见猪八戒端正了一下自己的衣冠，清理清理了自己的嗓音，不慌不忙，底气十足地说：跟对团队是我成功的原因。

真是一语道破职场上的真谛。

所以让自己的团队成为成功的团队至关重要。

但职场上，失败的团队数不胜数，叠在一起比泰山还高，究其所以，解释多多，可以说，所有的团队都是从临时组建开始的，因此团队形成的本身没有优劣，这一点不是团队失败的理由，团队的不成功是团队发展进程中的故障没有很好解决造成的。而导致故障的原因是建设团队的文化本身就出现了问题。

团队建设应恪守下列三项原则：

（1）团队的三各：各有所长，各司其职，各尽己能

一个团队必然要允许不同性格的存在；团队内部必然要有责权的明确分工；团队组成必然是要相互补强的搭配。团队运营中，不越级，不干涉，不推诿，是各个部门协作的良好方式。若岗位有所重叠，这不是没问题，这是在储备发展的力量，但一定不能有所空缺，空缺就是团队短板，它就是团队成长的阻障。

（2）团队的三不：绝不期望全能，绝不单打独斗，绝不抱怨指责

一个团队的组成，已是一个天大的缘分，运作过程中的磕磕绊绊恰恰是一种磨合，是一种检验，看到成员的优点，照见自己，了解团队规则，别太自负，清晰认识到团队是职场上唯一可能成功的模式，只有抱团才能打天下，任何形式的个人英雄主义和自作主张都是对团队的最大伤害，都是团队成长的心魔。

（3）团队的三对：绝对服从规则，绝对不找借口，绝对信任配合

一个团队的顺利前行，永远都是团队成员彼此配合的结果。没有配合谈不上团队这个词汇，团队就是既要忍让他人的个性又要保持自我鲜明的风格。既要坚守规则，执行约定，又要尊重领袖，体贴同伴。团队成员间的沟通要运用最适合的方式，不为任何破坏性行为辩解和开脱。始终要相信集体决策的智慧和力量，成功路上给予身边同伴最大的心灵爱护，相互提携，互相取暖，彼此加油，共同进步。

在《职场巅峰》课程中，助教们之间的动作就很好地呈现了优秀团队的模板。

## 11. 谁是助教?

《职场巅峰》成为经典之课，除了与教练的投入分不开，与会务的努力分不开，与学员的参与分不开，还与助教的付出分不开。

助教都是一群有梦想的人，没有梦想是不会来做只有分享没有收入的义工的；助教都是一群有担当的人，没有担当的责任心是不会因为某位学员的不参与而忧心忡忡的；助教都是一群有着单纯心态的人，没有单纯性又怎么会为与己无关的人的前途殚精竭虑呢？没有良好心态又怎么会为聚拢一堂课的气氛而对相对的陌生人苦口婆心呢？

有一点我们知道，助教本身也在职场上，本身也是一个团队的组员，他不是虚无的幻觉，不是自天而降的精灵，他就是职场上的个体，可能还是离我们很近的个体。

如果助教的表现和他在职场上的表现一样，属于本色出演，那说明他所处的团队一定是一个优秀的团队，这就要问，为什么他的团队这么优秀。

如果他只是在课堂上的这几天表现的出色，属于激情出场，那么我们就要深度探讨为什么，课程中的什么内容让一个人脱胎换骨，超越自我的精彩演出呢？答案就藏在课程中，这或许就是《职场巅峰》课程的魅力所在吧。

课堂上我们有助教，职场上我们还有助教吗？如果有，谁是我们的助教？

让我们细观一下助教都做了什么：首先他们在带动气氛，用自己的身体力行在带动着会场积极活跃的气氛；其次他们在监督规则的有效，发现不对，马上指出，让规则得以落实和发挥效能；还有他们在暗中辅导，用积极热情的语言去引导组员参与，做出正确的参训行为；另外，他们从不彰显自己，一切以组员为核心，隐没自己，来凸显组员的光芒。

好好思考一下，助教的这些行为和我们在职场上交集的什么人很相似呢？

在职场上，我们会相遇很多人，有指点迷津的高人，有不吝帮助的贵人，有时刻关怀的亲人，有一路陪伴的友人，还有一直在磨砺我们心性的小人。我们有老板，有上级，有平级同事，有下级员工，有往来客户，有亲戚家人，有圈子朋友，有擦肩而过的路人。

这些人当中有多少人是在关注着我们的成长，是在成全着我们的成长？

真正静下心来就会发现，其实职场上，我们身边的助教有很多，只是因为我们习惯了这些人的帮助，而忽略了感受，麻木了感动，忘却了感恩。

孟轲是战国时期伟大的思想家。是儒家亚圣，留下了很多脍炙人口的名言，诸如：

故天将降大任于斯人也，必先苦其心志，劳其筋骨，饿其体肤，空乏其身，行拂乱其所为，所以动心忍性，曾益其所不能；

老吾老，以及人之老，幼吾幼，以及人之幼；

天时不如地利，地利不如人和；

得道者多助，失道者寡助；

生于忧患，死于安乐；

富贵不能淫，贫贱不能移，威武不能屈。

前文提到的"穷则独善其身，达则兼济天下"也是孟子的名言。

这样一位圣人的成长，同样有一位助教的身影，这个助教就是他的妈妈。

南宋启蒙课本《三字经》引证的第一个典故就是"昔孟母，择邻处，子不学，断机杼"，讲述的就是这样一位伟大母亲的故事。

孟轲从小丧父，全靠母亲一人日夜纺纱织布，来维系清贫的生活，孟母是个勤劳而有见识的妇女，她希望自己的儿子读书上进，早日成才。

孟子小的时候非常调皮，一次，孟母看到孟轲郁郁寡欢，心事重重的样子，就耐心和儿子交流沟通，当她得知儿子是被邻居家高头大马的孩子欺负了，孟母就给他讲大人世界里的故事来释放孟子的压抑，辅导他走出自卑的心理阴霾。

孟家原来居住在墓地旁，有一次，孟母发现小孟轲和邻居的孩子们一起在玩办丧事的游戏，他们模仿着经常看到的下葬的动作，用树枝挖开地面，认认真真地把一根小树枝当作死人埋了。孟母很担忧，认为这个环境不适合孩子的成长，于是就搬家了。

她把家搬到了集市旁，没料到小孟子又和邻居的小孩，学起商人做生意的样子。一会儿鞠躬欢迎客人、一会儿招待客人、一会儿和客人讨价还价，表演得像极了！孟母知道后皱起了眉头：“这个地方也不适合我的孩子居住！”于是，他们又搬家了。

这一次，孟母把家搬到了一所学堂附近。学堂里有一位老先生在教授一大群大大小小的学生，每天读书声朗朗传来，调皮的孟子也跟着摇头晃脑地念了起来。孟母以为儿子喜欢念书了，很高兴，就把孟轲送去上学。

可是有一天，孟轲逃学了。孟母知道后很伤心。等孟轲玩够了回来，孟母把他叫到身边，说：“这里是最适合你的地方，我不会再搬家了。你贪玩逃学不读书，就像剪断了的布一样，织不成布；织不成布，就没有衣服穿；你不好好读书，就永远成不了人才。”

说着，孟母抄起剪刀，“哗”的一声，把织机上将要织好的布全剪断了。

孟轲被吓得愣住了。他头一次见母亲生这么大的气，心里真正的受到了震动，彻彻底底地感受到了妈妈的良苦用心，他终于明白了做人的道理，从此变得守学堂秩序、对老师懂礼貌，对母亲感恩、并开始专心读起书来。由于他天资聪明，终于成为一代圣人。

往事越千年，孟母是天下母亲的缩影，母爱是人类最真诚、最自然的爱，每一个妈妈身上都有，只是孟子是在当下就感受到了这博大的情感，而有些人是在为人父母后才感同身受这曾经习以为常的母爱而已。

所以珍惜爱，要从当下开始，把握好当下这个时空，别让爱轻易流走。

## 12. 人的三个时空

一个人能够领略的只有过去、现在和未来三个时空，但能够体验和把握的只有现在。

过去的，已经随风渐渐飘远，无论是喜是悲，是好是坏，都会随着时间的推移逐渐淡忘，忘不掉的，挥抹不去的都转化成了回忆的片段。

未来的，还没有到来，还是一张虚幻的画卷，无论我们展开怎样的想象力，未来终究是悬浮在半空中的多彩浮云，始终和我们有那么些许的距离。

现在的，就在眼前轻轻漂移着，清晰真实地触碰着我们身上的每一根神经，只有现在，才是如此清晰，只有现在，才是如此真实，也只有现在，我们才能伸手可得。

所以，看上去一个人有三个时空可以畅游，但其实只有当下这一个时空是可以由我们的行动来把控的，只有现在才是可以运用和驾驭的。因为过去的，已经一去不复返了，而未来，还属未知，谁也不知道下一秒会发生什么。

职场上的时光犹如静静流淌着的长江水，每时每刻都在经历着变化，你不把握现在，它就会离你远去，永远不能重来。

沉浸于过去的人，等于停止了生命的脚步，自然会被他人抛下；活在未来的人，犹如迷惑了自己的心灵，在幻觉中老去而一无所获；只有抓住今天的人，才能拥有美好的未来。

佛家有言：活在当下，佛祖也曾劝众生"活在当下"。因此佛家关于当下的故事很多。

说有一个小和尚，每天早上都会很负责的清扫寺院里的落叶。但是清晨起床扫落叶却是一件苦差事，因为秋冬之际，风特别多，这个时候的树叶就会随风飞舞，落的满地都是。

树叶落的多，小和尚每天早上就需要花费许多时间才能清扫完。所以他一直想要找个好办法让自己轻松些。后来有个和尚跟他说："你在明天打扫之前先用力摇树，把落叶统统摇下来，后天就可以不用扫落叶了。"小和尚一听，乐坏了，这倒不失为一个好办法。于是第二天他起了个大早，使劲地猛摇树，看着纷纷飘落的树叶，他开心极了，他想今天就可以把今天跟明天的落叶一次扫干净了。这一整天小和尚的心情都非常愉悦。

但令小和尚没有想到的是，到了第二天的时候，他到院子里一看，不禁傻眼了。院子里如往日一样还是满地落叶。老和尚走了过来，对小和尚说："傻孩子，无论你今天怎么用力，明天的落叶还是会飘下来。"

小和尚终于明白了，世上有很多事情是无法提前的，唯有认真地活在当下，才是最真实的人生态度。

还有一个佛陀的故事，说是有一天早餐之后，有一个人想请佛陀指点迷津，佛陀就邀他进入内室，耐心聆听此人滔滔不绝地谈论自己存疑的各种问题很长时间，最后，佛陀忍不住举起了手，此人立即住口，想知道佛陀要指点他什么。

佛陀问道："你吃了早餐吗？"

这人点点头。佛陀又问："你洗了早餐的碗吗？"。

这人又点点头，接着张口欲言。佛陀在这人说话之前说道："你有没有把碗晾干？"

"有的，有的，"此人不耐烦地回答，"现在你可以为我解惑了吗？"

佛陀微微一笑回答说："你已经有答案了。"说完就把他请出了门。

当时这个人并不清楚佛陀说的是什么意思，还很恼火，几天之后，他恍然明白了佛陀点拨的道理。便来向佛陀致谢，这时佛陀才对他及众弟子说："谁若对昨天的事念念不忘，追悔烦恼，或者对明天的事忧愁妄想，他将成为一棵枯草！"

佛陀是在提醒他，人只能活在今天，也就是现在的时间中，谁都不可能退回昨天或者进入明天，因为昨天是存在过的，不可及，明天仅是可能存在的，同样不可及。唯有当下，要把重点放在眼前，必须全神贯注于当下，这才是真正的要点。

到底什么是佛家口中的当下？简单地说，当下指的就是你现在正站立的地方，正要去做的事，此刻你周围的人和物。"活在当下"就是要你把关注的焦点集中在这些人、事、物和场上，全心全意认认真真去接纳、品尝、投入和体验这一切。

移到职场上，就是说最重要的事就是办好今天的事，管好今天的物，做好今天的人。

活在当下是一种全身心地投入人生的生活方式。没有过去拖在后面，也没有未来拉着向前，全部的能量都集中在今天这一时刻，生命也因此具有了一种强烈的张力。

不停的懊悔昨日遗憾的，可能今天又要延续新的遗憾；不断规划明天灿烂而忘却今天的时针一直没有停过，当明天的太阳升起时，不过又是昨天的一个轮回而已。

职场上，不怕慢，就怕站，如果没有今天的行动，明天就会又一成不变的像今天一样，堆积的事务照样在那儿堆放着，任何的变化都不会发生，你还是原来的你，但你身边抓住今天时空的人，却不再是昨天的那个人了，他正在超越你，正在把你远远的抛下。

# 二、我是我认为的我

## 1. 聆听开启良好的人际关系



职场路上，不会一个人走，总要有一些伙伴，总会有几个朋友。如何处理好人际关系是职场路上最为重要的能力。而聆听就是其中的方式之一。

都说职场路上是“天下熙熙，皆为利来，天下攘攘，皆为利往”。似乎步入职场，便没有了真诚，是真的如此，还是我们自己认为是这样而成为了这样？人人之间是不是只有功利的往来，而没有至真至纯的交流？

凡事不要预设条件，不去揣摩别人的心境，只看自己就好了。

自己是唯利是图吗？自己是戒备敏感吗？自己是忧心忡忡，心神不宁而不能安静去倾听他人信任的话语吗？好好审视一下自己这些年来，有多少次静下心来聆听别人的倾诉，有多少时间去陪在亲人身边散步，聊与事业、与工作、与职场无关的天。

如果不多，为什么？是什么在阻碍自己的心不能平静，是什么让自己一天到晚都是无休止的忙碌，是什么让自己成为连聆听都成为一种奢求的急迫的样子？

聆听，成了昂贵的奢侈品时，人际间的爱就会迅速的冰冷了下来。

是有了利益关系的驱动，内心才变得如此喧闹，还是心中先有了躁动，才有了眼中的滚滚红尘。都说今天的人们是浮躁的多于宁静的，忧患的多于坦然的，压力山大的多于淡薄慎独的。所有烦乱的元凶都指向了利益，指向了今天的社会节奏。

不是心静不下来，是前进的脚步停不下来；其实不是脚步停不下来，而恰恰是心绪安静不下来。哪怕只是几分钟的安静，也会让自己认真的思考一下生命究竟想要什么。

别让利益蒙蔽了思想，别让所谓的职业发展阻隔了人际温暖。更不要用利益熏染过的思维去设想别人的灵魂，有时阻碍自己走进别人语言的，就是心里预设的那个结果，很多时候都不是我们认为的结论那样。

生活中常常会是这样：你愿意倾听便能倾听到，你愿意沟通便能沟通成，你认为他是无法交流的，便失去了聆听的耐心，你认为他是你早就认为的，便关闭了聆听的心门。若你认为他不会倾听我的话，你的表述便开始心猿意马；你已认定他不会认真听完你的话，你便开始没有逻辑，开始失去让他听懂的语序。

不能平静，从一开始就错了；只有心静时，才能听见别人的呼吸。

聆听就是忘我，就是无我，就是彻底走进倾诉者的心里。

当然，聆听不是什么都要去听。如果因为聆听而聆听，就是做作，就会迷失了自己的作用和自我价值，聆听也成了虚伪的代词。

聆听是生命中人际交往的重要环节，不能没有，诉向听者言，心扉向知音打开，有机会聆听说明有人信赖，但每时每刻总有人要你聆听，你可能已经成为了别人的垃圾桶。

在武汉汉阳区的古琴台记录着这样一段美丽的传说。

春秋时候，有一个楚国人，名叫俞伯牙，他精通音律，琴艺高超。但他总觉得自己还是不能出神入化地表现出对各种事物的心灵感受。

他的老师知道后，就带他乘船到东海的蓬莱岛上，让他欣赏自然的景色，倾听大海的涛声。伯牙宁静下自己的心绪，独坐岸边，任海风拂面。他听见波浪汹涌，浪花激溅；海鸟翻飞，鸣声入耳；在俞伯牙的耳边仿佛响起了大自然和谐动听的音乐。他情不自禁地取出琴来闭目弹奏，韵律间音随意转，把大自然的美妙融进了琴声。

但他回到家乡后，却无人能听懂他的音乐，他感到十分的孤独和寂寞，苦恼无比。

一夜，伯牙乘船漫无目的地漂流在湖面上，面对清风明月，他思绪万千，忍不住抚琴弹了起来，琴声悠扬，传播四方。

小船慢慢停靠了岸，伯牙竟然不觉，忽然间，他感觉到有人在听他的琴声，伯牙睁眼见是一樵夫站在岸边，凝神聆听。伯牙即请樵夫上船，近处细赏。伯牙兴致高涨地弹起了赞美高山的曲调，樵夫道："雄伟而庄重，好像高耸入云的泰山一样！"当伯牙弹奏起表现奔腾澎湃的波涛时，樵夫又说："宽广浩荡，好像看见了滚滚的流水，无边的大海一般！"俞伯牙激动万分，他紧紧拉住樵夫的手说：你真是我的知音啊。

这个樵夫名叫钟子期，但没有想到的是，一年后钟子期就死了。俞伯牙悉知后，悲痛不已，他来到钟子期的坟前，弹奏完自己人生的最后一支曲子，愤然尽断琴弦。留下千古绝唱，从此终不复弹琴。

知音的传说不在高山流水琴声的美妙，不在出神入化琴声的戛然而止，而在于两个人通过凝神聆听而产生伟大共鸣的神奇。至今还萦绕在人们的心底耳边的，不是旋律，而是心灵共赏故事下的仰慕。之所以仰慕，是因为一生难得一个真正懂得自己的人。

从此人生难得一知己成为快事。"欲取鸣琴弹，恨无知音赏"引发千年惆怅，"欲将心事付瑶琴，知音少，弦断有谁听?"传诵至今。

是啊，没有聆听，还有知音吗?

但真的不要如此悲观，所以呼唤，只因少见而已。只要自己拥有，便不再是少有。

放眼望去，职场上善于沟通、善于聆听、善于交际的人才比比皆是，只要拿出来自心底的真诚和良好的心态，潜静下来聆听友善的心声，朋友便五湖四海。

## 2. 诚实才有真朋友

一个好汉三个帮，一个篱笆三个桩。人生在世，总要结交下几个真朋友。

没有真朋友的日子是孤单寂寞的，也是百无聊赖的；没有真朋友的职场圈是举步维艰的，也是难有作为的。好朋友结识的基础是诚实。

诚实首先就是要如实的表达观点，而不欲言又止的伪善；其次就是要坦诚的以礼相待，而不阳奉阴违的虚伪；还有就是要客观的批评指正，而不左右逢源的曲意奉承。

没有诚实做基础，什么都会是假的，包括聆听。只要是假的，总会被戳穿。

一旦我们养成了虚假的习惯，且还因迟迟没有被人发觉而暗自窃喜的话，那么距离身败名裂就不远了。早期不现行，是因为不够资本，一旦达到揭穿的起始基数，随时随地都是败亡的日子，有这样的悬头利剑，生活还有意思吗？生命还有意义吗？

所以职场上的正道是诚实交友，踏实做事，老实做人。

北宋大词人晏殊还没有成年时，有一次参加殿试，他看过试题，对主考的宋真宗说："我十天前已经做过这个题目，而且文章草稿还保存着，请皇上换别的题目吧。"

宋真宗非常喜欢晏殊的这种诚实，自此知道了晏殊这个人。

几年后，晏殊已是朝廷的一名小官吏。有一天，宋真宗允许臣僚们挑选旅游胜地举行宴会。各级官员都踊跃参加，连市楼酒店也都设置了帷帐以供宴会和旅行住宿需要。晏殊这时手头拮据，没钱出游，便留居家中与兄弟读书论理。

这天，宋真宗挑选辅佐太子的官职，出人意料地在百官中选任晏殊。当朝宰相问真宗用意，真宗解释说："我听说各级官员，无不游山玩水，大吃大喝，通宵达旦，歌舞不绝，唯有晏殊闭门与兄弟读书，如此谦厚正可担当辅佐太子的重任。"

晏殊听说后，老老实实向真宗说："我并不是不喜欢游乐吃喝，只是因为我当时经济拮据，没有钱。如果有钱，这些旅游宴会我也会参加的。”

晏殊如此诚实，宋真宗越发佩服晏殊的厚道，又因为晏殊懂得为臣之道，便越来越受到真宗的重用，到宋仁宗时，晏殊被任命为宰相。

古往今来，为人厚重老实得到上级认可而飞黄腾达的实例举不胜举。这种人的根基扎实稳固，所以结局也多是善终。人在职场，当知诚实做人做事就是一条捷径。

但职场上的人际圈中必然会存在朋友有真有假的状况，因为人际关系有虚有实。

虚情假意的不能称之为朋友，虽然你认为你们之间相识很久了，且交集也很多，但只要分开，或者只要有了利害冲突，这种人就会毫不犹豫的离你而去。而虚假者自以为是得意的伎俩并非他人看不出来，有时只是时候未到而已。

三国早期，东吴的孙策任用吕范主管东吴的财经大权。孙策的弟弟孙权此时年少，总是偷偷地向吕范要钱，吕范则一定要请示孙策，从来没有独自答应过孙权。因这事孙权对吕范很有意见，几次在哥哥孙策面前说吕范的不是。

后来孙权任阳羡县令，建立了自己的小金库以备私用。

一次，孙策派人前来查账，孙权的朋友周谷便为孙权涂改账目，造假单据，使孙策派来的人没有查出什么端倪，而孙权也没有因此受到责怪。孙权当时很感谢周谷。

后来，孙策战死，孙权接替孙策统管东吴大事，因为吕范的忠厚和诚实，特受到孙权的信任和重用，而周谷却因为善于欺骗和更改账目，始终没有得到孙权的重用。

一个层次一个境界；在职场上，理想越大的，越是要成长的，越是更加接近职场目标的，就越是要注重自己的行为方式，有时候就是因为自己的职场理念达不到高度，而与更高的职场层级失之交臂。

一个时期一个心态；在职场上，注定要从基层开始自己的职场之路，不同时期会有不同的情绪表现，对客观事物的看法也会随着时期的提升而有所不同，职场早期认同的一些事情，在职场中后期，或者成熟期时，就会不接纳或者反对了，要明确这其实就是职场的进步。

一个环境一个标准；在职场上，与时俱进是积极的表象，环境发生变化，有些做人做事的方式方法就要重新推敲，有些政策制度就要重新修订，这些都是职场上常见的普通事，不必大惊小怪，所谓见怪不怪，其怪必败。

但无论什么层级，什么时期，什么环境，万变不离其宗的本质道理确是为人处世要厚道，接人待物要热忱，与人相处要诚实。

应当时刻提醒自己，人与人之间的每一次接触，都会留下一次印象。有的印象会被岁月的风吹淡，而有的印象则会影响自己的一生。

## 3. 第一印象是职场重要的路口

不管我们愿意不愿意接受,我们都是从给别人的第一印象中开启我们的职场之旅的。

在第一印象这个重要的职场路口,改变了许多人的职场进程,有人由此一帆风顺,有人因此举步维艰。职场路上没有哪一个环节是不重要的,但印象更加重要。

同事的印象好,会更多一些帮助;上级的印象好,会更多一些机会;客户的印象好,会更多一些业绩;朋友的印象好,会更多一些人脉。

初入职场,面对混沌的前程,需要教练,需要助教,需要前人指点。但我们也要思考这样的问题:人家为什么会刻意或者主动给我们帮助,这就和我们给别人的印象息息相关。

通常的第一印象取决于三貌:即个人的相貌;个人的容貌和个人的面貌。

相貌是指个人五官与身材,从某种意义上讲,这是父母给的,具有先天性。但这里的相貌要特别指出不仅仅是指天生五官,而是整个人的面相要和善,要给人以安全感。

容貌是指个人衣着打扮,一个人的姿色是与生俱来的,但干净整洁的着装和外表则是后天修饰的,尤其在细小处的精致呈现一个人的职场品位。

面貌是指一个人的精神状态,是由内向外散发出来的个人魅力,一个人可以长得不漂亮,身材可以不挺拔,但这个人的精神头和气质必须要有职场的正能量。

人给予他人的第一印象很重要,往往会成为这个人的职场转折点。

好印象,有助力,虽说职场发展归根到底是要靠实力,靠本领,但我们也应该听过这样的一句话:说你行你就行,不行也行;说你不行你就不行,行也不行。说的就是印象决定结果这样一个十分常见的职场现象。

有句歇后语叫庞统当知县——大材小用。典故来自三国时期。

人称凤雏的庞统早期的名气大于卧龙诸葛亮。他二十岁时曾去拜见水镜先生司马徽。司马徽为人清雅，以擅长识人著称。那一年，司马徽坐于桑树上采桑，而庞统坐于树下，两人相互交谈甚是交融欢畅，从白天一直交谈到了黑夜，因月色不足才意犹未尽而归，司马徽对庞统大为惊异，说是南州士子没有人可以与庞统相比的。

有了司马徽这句话，庞统渐渐为人所知，贤名远扬。

然而就是这样一个富有贤智之名的人的职场之路也是不平坦的，也因为第一印象的不佳而颇费周折。庞统本是襄阳人，因避祸到了江东，又因名气和才学被江东的权臣鲁肃推荐给了赤壁前线的周瑜。

庞统恃才桀骜，气质有些倜傥不羁。这与周瑜本性有些雷同，所以第一印象不爽，周瑜仅在帐中群议时听他发表一些观点，基本不予任用。

后来周瑜死，诸葛亮前来吊孝，始见庞统。

当时的刘备三顾茅庐后尝到了任用贤才的好处，正在四处张榜，求贤若渴，曾经求问徐庶谁是至贤之人，徐庶告知：卧龙凤雏，得一而可安天下！现在卧龙诸葛亮已得，又果然不同凡响，可见名不虚传。所以若再得凤雏，岂不可以恢复汉室？

诸葛亮深知刘备心思。不想今日在江东大营中偶遇郁郁寡欢不得志的庞统，真是踏破铁鞋无觅处，得来全不费工夫。卧龙见凤雏，自然聊得十分投机，鲁肃见状，不失时机地又向诸葛亮推荐了庞统。

庞统便随诸葛亮前往荆州，投奔仰慕他很久的刘备。按说这应该是一幕如愿以偿，皆大欢喜的喜庆场景，各遂所愿，不胜美好的大结局。

但又是第一印象，使事情又发生了转变。

当刘备兴致勃勃出来迎接庞统时，一见庞统当时的相貌、容貌和面貌，立刻就没有了既往的心情了。当时的庞统相貌是五官卑琐，身材矮小；容貌上是衣冠不整，鞋破漏脚趾；面貌上又是一副垂头丧气，失魂落魄的样子。

刘备心想：这就是自称有辅佐帝王之才能的凤雏？虽说人不可貌相，可这貌相也实在是太差了吧。差到了不用“相”的地步了。刘备心里轻之，仅任庞统为小小耒阳的县令。

至于后来庞统不理政事，刘备怒遣张飞问责，反是张飞见识了庞统过人之才，又兼鲁肃给刘备写信，告诉刘备庞统不是百里之才。还有诸葛亮也对刘备说庞统可堪大用，刘备复见庞统，又经一番深谈，庞统才得以大受器重等等一系列的周折就不细说了。

总之，后来的事实证明，庞统是真材实料的有本事的人。但就是这样一个有本事的人却差一点因为第一印象而断送了职场生涯。他的幸运是一直有人举荐，身边不乏助教，我们可知在浩瀚职场的江河中，又有多少人最终是怀才不遇的呢？

为什么会发生怀才不遇这样的悲情故事？

因为没有人愿意给你机会让你施展你的才华，因为从第一眼开始你就被否定了，就把你排除在团队之外了，因为有才又有外在品相的人很多，有谁愿意大费周章去费力挖掘一个让人提不起兴致的人呢？所以说：第一印象太重要了。

提高个人好印象并不难，只要重视，只要用心，任何人都可以达成良好的个人形象。

相貌，只要经常性真诚的微笑，就可以带来美好的感觉；

容貌，只要保持职业化的着装，从头到脚干净利索，便无懈可击；

面貌，只要持续释放热情，自信满满，谁会不认同呢？

所以，一切好与坏印象的本源还是在自己这里，在自己的职业态度上。积极的态度会让职场生涯变得顺利，消极态度就会使得职场不尽如人意。

积极的人像太阳，照到哪里哪里亮；消极的人像月亮，初一十五不一样。

## 4. 不被信任说明有问题存在

一个人给予他人的第一印象很重要的理由是印象好坏决定信任与否。

对你印象不好，就是对你不信任；不要和陌生人说话的症结，就是对人不信任；和你有限接触，甚至和你过度拘谨和"礼貌"，都是一种不信任的表现。

信任朋友就有了心灵释放的天空，就有了疲惫时小憩一会的空间。

信任是一种美好的心理感受，是人际关系至高无上的理想境界。

信任在职场上就有了臂膀，有了港湾，有了协作，有了后盾，有了灵魂的家。

但如果有人在初次见面时就在内心对我说：我不信任你！我想我一定是出现了问题。我就必须要解决这个问题，因为这个问题让人关闭了与我的对话，关闭对话交流实际上就是关闭了一切的可能性，包括信息和业绩。这是相当重要的事情，必须要引起高度的注意。

职场上不被信任，是可耻的，它在隐喻自己在错误面前不知悔改；

职场上不被信任，是可怜的，人到终老时才会更加体会碌碌无为的悲哀；

职场上不被信任，是可悲的，或许你有更进一步的能力，但却一直没有施展的舞台。

没有一个人是愿意孤独的，孤独的人通常是因为关闭了信任，如果不信任父母，那就失去了家庭的温暖，如果不信任同学，那就失去了学生时代的纯真，如果不信任同事，那就是一个人在苦命的挣扎，如果不信任朋友，那就割断了快乐血脉的脐带，如果不信任上级，那就会成为随风逐浪的孤舟，没有信任，就没有方向，四周都是逆向的风口，让人迷离双眼又迈不开沉重的脚步。

信任，是一个人成长的标志，是人与生俱来的本质，人无法也不可能独自存活，没有信任如何存在这个鲜活的世界上？纵然，因为信任，我们会受到一些伤害，会因信任面临一些风险，但失去信任，我们可能每天都在遭受伤害，任何时候都在面临风险。

是什么阻碍了别人的信任值，使得自己的职场履历一直在低水平的层面上徘徊。一定有一个原因在作祟，一定有一个问题存在。这个问题不解决，职场就不会进步，没有一个人是把问题置之脑后不理而能快步向前的。所有的职场成功都是解决问题的成果积累。本质没有不同，所以出现问题，说明出现了机会，而解决问题的快慢，恰恰在见证个人职业能力的强弱，职场技能储备的多寡，决定能不能抓住每一次职场腾飞的良机。

问题不解决，问题就永远存在，问题存在，你就停滞或者停止了前进的步伐。

《三国演义》中的蜀汉名将魏延的结局或许可以拿来借鉴一下。在中国传统戏曲中的魏延脸谱，为紫十字门花脸。其实就是在告诉观众，魏延是一个非忠义之人。

魏延的特点是他善养士卒，勇猛过人，是个将军料，但遇事暴烈，且性格高傲，使得人人都愿意避其锋芒。再有做事常常反主而不计忠义。

自第四十一回，魏延粉墨登场。当时刘备为曹操所迫，走至襄阳，刘琮听信蔡瑁之言不让刘备进城。魏延挺身而出，大开城门招呼刘备军队入城，可是刘备为免惊扰百姓而决定不进城。魏延在与文聘一番交战后，势力单薄转而投靠长沙太守韩玄。

这是魏延一反主刘琮。

后来关羽进攻长沙，与大将黄忠大战一场，不分胜负，韩玄认为黄忠战斗不力而将其捆绑要杀掉他，魏延押运粮草归来，不问事由，抽刀义愤救下黄忠，又率吏民赶到府衙杀掉了韩玄，如愿以偿的投降了刘备军。

这是魏延二反主韩玄。

但魏延想不到，他刚到刘备大营，便被崇尚忠义的诸葛亮拿下，以魏延是不忠之人的罪名，要把他处决，幸得刘备求情方才作罢。至此，诸葛亮不信任他已是公开的秘密。

魏延的性情和处事方法，让人不信任，诸葛亮索性给他贴上了脑后有反骨的标签。

若此刻魏延能够吸取教训，改变一些自己的风格，应该还有转机，因为此后刘备率军入蜀时，让魏延随军前往，期间得到了刘备的器重。先被任命为牙门将军，攻下汉中后，又被刘备破格提拔为镇远将军，领汉中太守，镇守汉中，成为独当一面的大将。

偏偏魏延没有记住诸葛亮要杀他的教训，没有明显地改变自己的缺点，继续放任自己任性而为。此间，魏延恶习不改，先是在刘璋宴请刘备的酒宴上奉庞统之命起身舞剑，意在乘隙杀死刘璋，但被刘璋部将阻止。

这是魏延第三次变相反主刘璋。

后又恃功自傲，与同僚杨仪势同水火，甚至有数次拿刀作势要杀杨仪的举动。一切不忠不义的行为都存留在诸葛亮的脑子里了。魏延不被信任在情理之中。

一个人孔武有力，又善于带兵，如果屡有不忠不义的行为，这就难以让人信任了。

魏延最终为自己酿成了一杯苦酒。

刘备逝世后，魏延镇守汉中屡建战功，但十五年没有加封进爵，职场止步了。

诸葛亮第一次北伐时，魏延献计子午谷奇谋，被否决，空间被限制了。

诸葛亮后期北伐，魏延作战勇敢，功绩显著，但统兵始终不过一万，能力被束缚了。

这种不信任一直延续到诸葛亮生命终结之后。诸葛亮临终前遗计，安排杨仪阵前挑衅魏延，魏延果然大喝一声“谁敢杀我”后，被另一遗计潜伏在一旁的马岱一刀杀死。落了个可悲可叹又可怜的悲惨结局。

不被信任，或许有他人的问题，但我们若要纠结他人的问题时，你已经是在拒绝照见自己了，看不见自己，不愿主动取信于人，终究会被信任困扰。

抱怨别人不信任不如改变自己的态度，像晚唐郭子仪一样敞开大门，证明自己是一个值得信赖的人，是有信赖价值的人，是可以托付信赖的人，是一个九鼎之人。

## 5. 九鼎之人

灿烂的中华文化中流传着一个又一个美好的故事，九鼎之人就是其中一个。

远古时代，人们的饮食都是粗放式的，基本上就是烧熟了即食而没有什么诸如色香味俱全的讲究。据说在夏末商初时期还是如此。

天山食仙想要改变这一现象。他把厨艺传授给了伊小臣和易伯子两位弟子，让他们学成后下山，给人间带去美食。这一天，伊小臣和易伯子都具有一手精彩绝伦的厨艺了，准备下山去把这个手艺传给华夏的众苍生。

在下山前，他们在师祖食仙面前表示，为了让厨艺广为人知而不泛滥走样，要向有感召力的九鼎之人去传播推广，只有九鼎之人认可了，才能天下尽知。他们约定若七年间没有找到九鼎之人或者九鼎之人不愿意接受改变，他们便要回到天山，终生不再下山。

按照夏朝的标准，一般诸侯只能称作拥鼎之人，只有具有三百乘战车的大诸侯才能称得上是九鼎之人。而当时因为夏桀荒淫残暴，天下已呈现混乱之状，八百诸侯各自为政，纷纷扩张自保，所以具有三百乘战车的诸侯并不在少数。

伊小臣和易伯子下山的第一站到了一个叫作商的小诸侯国，方圆仅七十里。面见商王大乙时，伊小臣就决定要留下，易伯子当着大乙的面说："我们约好了要找九鼎之人的，而只有七十里大小，人口万余，战车不过十乘的商怎么能算是九鼎之人呢？"

伊小臣说："何事非君？在我心里，大乙大王就是九鼎之人。"

易伯子见说服不了伊小臣，便告辞，去寻找他心中的九鼎之人去了。

易伯子离开后，商王大乙起身对伊小臣施礼说："看来你是世外高人，不了解世俗，我确不是什么九鼎之人，最多算是一鼎、二鼎之人吧。"

伊小臣说："大王不必过谦，在来时路上，我看见商国百姓安居乐业，勤于劳作，又见大王礼待远人，侍从敬仰，怎么能说不是九鼎之人呢？"

大乙说："身为一方诸侯，理当为百姓辛劳，我不过是做了应该做的事而已。但九鼎之人是有标准的，我的确配不上这个称谓。而天下强大的诸侯有很多，能够符合九鼎之人条件的诸侯也很多，还请贵人另谋他人，我确实不是九鼎之人。"

伊小臣说："我只为九鼎之人做厨，请大王不必再过推辞，且以三个月为期，若大王到时还自认为不是九鼎之人，我便自行离去。"

于是，伊小臣留了下来，成了商王大乙的主厨。

几天内，大乙尝到的都是以前从未尝到的美食，不觉好奇，便来到厨房和伊小臣攀谈起了这段著名的关于人间"至味"的话题。

大乙问伊小臣怎样才能尝到那传说中至高无上的美味。

伊小臣便从火候、调味、用水和食材等各个方面详加解说：

其中火候和调味都还比较容易掌握，靠的是味料分量之先后，与火力文武之时机的准确掌控，精微处则如射箭驾车，又如阴阳变化，这虽是一套难以用言语形容的心法，但只需加以时间累积与实践操作便能获得，所以说难且不难。

但若要取得上佳的食材、用水和调味料，麻烦就很大了。例如橘子，是江浦的好；石耳，是汉水边上的好；芹菜，则是云梦大湖的好。鱼之美者，莫过于洞庭鱼与东海鲕鱼；肉之鲜嫩者，当数吴地天鹅和燕山之阳的雄狍里脊。而调味用的盐要来自大夏，桂要取自招摇山。就连水都得讲究，比如昆仑山之井，高泉山之泉，皆是好水。

大乙不解，如何叫作麻烦很大？

伊小臣告诉商王，这些好东西散布四处，分属于不同的诸侯领地，得来不易，除了要有稀世良驹"青龙"和"遗风"这种快马去替你专程运送，还得要成为九鼎之人，成为最强大的诸侯，要替代夏桀成为天子，而且还得是个人人称赞的天子才行。

商王大乙听完，郑重地告诉伊小臣："我承诺，我就要做你说的那个九鼎之人。"

时间过得很快，一晃七年就到了。易伯子走了很多地方，见了很多诸侯，都没有遇到他理想中的九鼎之人。他决定去找伊小臣，看看他是不是后悔了，是不是可以一起回天山。

易伯子一边想象见到伊小臣的情景，一边奔走。

走着走着，他渐渐察觉到了一丝变化，越往前走，他越觉得这种变化的明显。房顶的炊烟变得多了，山岗上的鲜花变得艳了，田野里的禾苗变得壮了，人们的笑容变得甜了。

他禁不住拦住一个上田的农夫问：这是什么地方，谁是这里的大王？

农夫告诉他，这里的君王叫做汤，人们无不口口传颂汤王的美德，他是一个正直仁慈的大王，他说话算数，爱护他的百姓，赐给我们天下最美的美食，还降低了赋税和劳役，并要替天行道准备进攻夏桀，我们都在为他储备足够的粮食和武器呢。

易伯子越听越激动和兴奋，看到眼前欣欣向荣的景象，这个大王不就是我要找的那个九鼎之人吗？他打定主意暂不去找伊小臣了，而是去见这个英明的君王汤。

当易伯子见到汤时，不禁怔住了，这不是七年前那个商王大乙吗？怎么会是这样？

商汤看出了易伯子的心事，上前拉住他的手说："这七年来，我不过是一直在按照伊小臣的九鼎之人的行为标准在做事而已，现在看来，其实人人都是九鼎之人啊。"

故事讲完了，虽然故事的版本有所不同，但在出土的殷商甲骨文上记载着伊小臣、大乙的名字这一点上，可知伊小臣又叫伊尹，大乙就是商汤。而易伯子则是易牙的祖先。伊尹和易牙是公认的中华美食的鼻祖、食圣。

故事告诉我们两个道理：一是有人把你当九鼎之人看待时，你的表现要对得起他；二是只要你有强烈的意愿，你也可以成为九鼎之人。

关键是要敢于承诺，你就是这样的人。

# 6. 承诺是什么？

九鼎之人是职场上的成功者，而这个成功者的第一品质就是敢承诺，兑现承诺。

只有一个信守诺言的人，才能称得上是一个真正成功的人。因为言而有信的人具有强大的人格魅力和超级的感召力。

职场上，承诺代表着承诺人的意向，兑现承诺则代表这个意向的实现，每一次承诺的实现都是一次威信的提升，良好的个人信用记录意味着被他人信任的资格，有多少人信任，就意味着有多少次机会，意味着有多大的发展空间。

讲信誉，守承诺是人类历史上的做人真理，百挫不变，历久弥新。

职场上讲先做人，后做事说的就是承诺这件事。

承诺就是守信用。

春秋时期，南方蛮夷地区的吴国逐渐强大起来，并开始回归中原华夏文化。这时中原各诸侯也开始和吴国交往，吴国在各诸侯中以铸剑闻名，天下人都以佩戴吴国铸剑为荣。

有一次，吴国公子季札要出使中原，到鲁国去学习礼仪、祭祀等文化。他首先来到了邻国徐国，作为吴国使者和公子，受到了徐国国君亲自接待。酒席宴间，徐君拿起季札的佩剑把玩起来，抚摸擦拭，爱不释手，边看边赞不绝口，毫不掩饰的表示了喜欢。碍于礼节，徐君并没有索要。但季札看出了徐君的心思，有心把佩剑送给他。

佩剑出使是当时的一种礼仪，作为使者和吴国最深谙周礼的季札来说，当然知道这个道理，不便违礼。但在心里季札已经许下了承诺，等到出使他国回来后，一定要再过徐国，那时便把宝剑送给徐君。

一年后，季札出使归来，果然又到了徐国，没想到的是，这时徐君已经死了。

季札和随从一起来到了徐君的墓前，祭拜之后，季札解下宝剑，把它挂在了徐君墓前的一棵树上。季札的随从不解，就问："徐君已经死了，这是要送给谁呢？”季札说：“我当初在心里已经要把这宝剑送给他了，怎么能因为徐君的死而违背自己的诺言呢！”

这就是著名的“家树系剑”的故事。季札也成为《史记》中着墨最多的吴国人物。

承诺就是守信誉。

《论语》里记录了这样一段对话。子贡问孔子：“怎样才能治理好一个国家？”孔子回答说：“要从三个方面完备，一是要让国家的粮食储备丰足；二是要让军队的军备充足；三是要让人民有信誉。这三项做到了，这个国家就是一个强大的国家。”

子贡接着问：“如果迫不得已要去掉这中间的一项的话，要去掉哪一项呢？”

孔子马上就回答说：“去掉军备。”

子贡又问：“如果迫不得已还要去掉一项的话，在这两项之中要去掉哪一项呢？”

孔子想也没想就说：“去掉粮食。”他知道子贡会有疑惑，就解释说：“没有了粮食，不过就是死亡，但自古以来，人都是要死的，人要是没有了信誉，活着也是死了。”

承诺就是守时。

秦朝末年，有一天，张良在桥上漫步，适遇一年迈的老人，只见老人当着张良的面故意把鞋脱下甩在了桥底。然后慢慢地对张良说：“小伙子，下去给我拾鞋！”

张良感到很突然，又很气愤，很想上前教训一下老人，但碍于老人一大把的年纪，实在不忍下手，只好悻悻的走下桥去给老人取鞋。

取鞋后，老人又令张良给他穿上，张良膝跪于前，小心帮老人穿鞋。

事毕，老人非但不谢，反而大笑而去。片刻老人又返回，对张良说：“孺子可教也，五日后的黎明，与我在此相会。”张良应诺。

五日后，张良在黎明时，来到桥边，看见老人已在桥上等待。

老人怒气冲冲的对张良说：“你和老人约见，怎么可以比老人到的还晚呢？”

张良想解释，老人不听，只是说了句：“五日后的此时，再会。”说罢，便走了。

五日后，张良听到鸡打鸣，就来到桥边，看见老人又已在桥上等待了。

老人又怒气冲冲的对张良说："你为什么又比老人到的还晚呢？"然后又是扔下一句五日后再在此相会的话，就头也不回的走了。

又隔了五日，张良夜半时分，就来到了桥边等待老人。没一会儿，老人就来了，看到张良早到了，很是高兴，夸奖他说："你就应该如此啊。"老人这才拿出一本书交给张良。

老人对张良说："通读此书者可以成为王者师。今后十年天下会大乱。13年后你会在济北见到我，谷城山下的黄石就是我。"说完就很快地走了。

张良很奇怪，次日天明一看书，方知书名为《太公兵法》。张良就日夜诵读此书，终于成为一个深明韬略、足智多谋、文武兼备的"智囊"。10年后果然陈胜起义爆发，13年后张良去谷城，山下确有黄石一尊，老人的预言神奇般地得到了应验。

承诺就是说话算数，答应的事无论如何都要做到。

《孔子家语》记载，有一次，曾子的妻子要到集市上买东西，小儿子哭喊着也要去。她就对孩子说："你好好在家等娘，娘回来后就叫你爹把猪杀了给你吃肉。"

孩子不闹了。当她从集市回来后，看见曾子正在磨刀，准备杀猪。

她急忙对曾子说："猪还小，不能杀，我是哄孩子玩的。"

曾子说："大人怎能对孩子无信呢？母亲不守信用，孩子便会失信于人，答应孩子的事是不能反悔的。"

曾子的妻子点头称是，和曾子一起把还没有长大的猪给杀了。

承诺要有行动，没有行动的承诺就是欺骗，

对他人承诺而没有行动，是在欺骗他人，对自己承诺而没有行动，是对自己的欺骗，如果让欺骗成为一种习惯，我们又麻醉在这个习惯里，生命已经结束了。

## 7. 人在职场上，心呢？

人在职场上，心就要放在职场上，唯如此才会有成功产生。

心在哪里，财富就在哪里，发展就在哪里，这是亘古不移的法则。身在曹营心在汉，是一心二用，是对职场规则的忽视，你忽视它，它就轻待你，这是最公平的交换。交易的结果自然就是没有结果。如果职场发展真的是轻而易举的话，公平就失去了，发展也就没有什么意思了。只有付出用心的过程，才能体验用心的快乐。

有一群小鲤鱼游到了龙门下，它们每一个都知道只要跳过了这个高高的龙门，它们就会变成一条条龙了。这是老龙王制定的规则，也是老龙王给鲤鱼们提供的机会。

面对高高的龙门，小鲤鱼们开始奋力上跳。

跳啊，跳啊，跳啊，时间过了很久，还是没有一条鲤鱼跳过去。

于是，它们开始怀疑这个龙门还有没有意义，开始议论这个规则是不是合理，开始质疑是不是从来没有鲤鱼跳过去过。它们决定去找老龙王问个究竟。

老龙王知道它们的来意，因为同样的事情已经不知发生过多少次了。

老龙王耐心地听完小鲤鱼们唧唧喳喳的议论后，告诉它们：凡事都会有门槛，鲤鱼变成龙的门槛就是跳龙门，这是设置了一次脱胎换骨的机会，意义很大；龙门是对每一条鲤鱼设置的，具有普遍性，所以很合理；龙门设立上万年了，有没有鲤鱼跳过去，老龙王说自己老了，不记得这些无关紧要的事情了，因为他身边都是龙，至于是不是鲤鱼变的，不重要。

对于老龙王不重要的，但对于鲤鱼来讲却是很重要的。

小鲤鱼们听完，都很泄气，认为自己是跳不过这么高的龙门的。它们纷纷央求老龙王降低龙门高度，老龙王摇头不同意，这群小鲤鱼就跪在老龙王面前九九八十一天，嘴里还念念有词地说："如果没有鲤鱼跳过去，那不是骗人吗？"

老龙王终于被说服了，降低了龙门的高度，小鲤鱼们个个欢欣鼓舞，纷纷跳过了这个龙门，他们每一个都真的变成了龙。

大家都变成了龙，继续像鲤鱼一样在水里游着。几天下来，你看着我，我看着你，觉得和以前没有什么区别，又觉得无聊起来。忽然，一条巨龙从水面上腾空而起飞入云端，好威风啊，看的他们好羡慕，他们也想像那条龙一样，可是怎么扭动，都无法飞腾。

于是，大家又找到了老龙王，跟老龙王说了心思。

老龙王听完哈哈大笑，和蔼地对他们说："那些龙都是跳过没有降低高度的龙门的鲤鱼变的，它们是真正的龙，它们腾云驾雾的本事是在跳龙门时练就的，这可不是我能帮助得了的了。你们现在不过是一群有着龙身的小鲤鱼而已，要想真正的感受龙的境界，你们还得去跳那没有降低高度的龙门才行。"

是的，没有人随随便便可以成功，成功一定要通过一道道门槛，第一道门槛就是把心放在职场上，把心放在职场上，就是全力以赴面对眼前的工作，不要想东想西，也只有把心放在了职场上，你才会发现职场中的乐趣，才会在职场上找到快乐的感觉。

用心就是全身心投入，不含一丝杂念的付出，有时还是不问回报的努力。

全身心投入也是一种习惯，要从日常生活中培养，没有哪一个好习惯是一蹴而就的，关键是领悟职场真谛，领悟职场归宿的方向，方向对了，一切都对了。

心常常会在让自己快乐的地方，如果职场不能使自己快乐，多半是自己职业态度不够成熟导致，意识的魂还没有从童年时光，少年岁月，学生时代中走进来，还沉湎在职场之外的时空里，还在青葱中沉睡，还在过去时里自我消耗着当下的分分秒秒。

心不能集中在职场上，怎么会有所作为呢？心不在焉也必然会失去尊重，失去机会。

战国时期，三国分晋后，魏国一度很鼎盛，但到了第三代国君魏惠王即位时，魏国已处在下坡路上。年轻的魏惠王想成就一番大业，在各国用重金厚礼招纳贤士，但魏惠王志大才疏，心不在焉，最终也没能使魏国强大，反而错失了很多人才。

有一次，有人向魏惠王推荐淳于髡，说此人学识渊博，记忆超人，惠王想见识见识。

淳于髡被领去见魏惠王二次，二次见面都一言不发。

事后，惠王感到很奇怪，就问推荐的人："你说淳于（复姓）先生才艺出众，超过管仲和晏婴，可为什么见到我连一句话也不说，难道是我不值得和他谈话吗？"

这个人把惠王的意见转达给淳于髡，淳于髡说："我是承意观色的人，我第一次来拜见惠王时，惠王想着别人献给他的马；我第二次来时，惠王想着进献给他的唱歌艺人，无心与我谈话，既然惠王的志趣不在我这里，我还有什么话要说呢？"

魏惠王听到这些话，对来人抱歉地说："确实如此，他前次来，正好有人献马，第二次来，又有人献唱歌艺人。当时我虽然让左右人都退下，表示对他的尊敬，但精神还是集中在马和唱歌艺人身上。"

虽然后来魏惠王对淳于髡礼遇优厚，但淳于髡不为所动，一直没有出仕做官。最后还是回到了齐国，但却帮助齐威王成就了一番不朽王业。

看来无论是基层、中层、高层，还是顶层，在职场上都需要用心才行，魂不守舍怎么能得到尊重呢？不主动改变心境怎么能有职场成就呢？

## 8. 主动才能有业绩

职场上的傲人成果，都是主动创造出来的，所有的巅峰业绩，都是主动创造出来的。

已知了职场规则，做好了职业规划，剩下的就是把理想变为现实。现实与理想之间，只隔着行动这一堵墙，什么样的行动，什么样的业绩。

无论你是否意愿，生存依靠行动来满足，而行动只有两个版本，一个是被动做事，一个是主动出击。两个方式，两种结果，选择权在于自己。

无须论证，相信所有职场人都知道主动是唯一选择，所以难做到，是因为主动是在走上坡路，它需要靠自律做保障，而自律要抵抗来自各方面的诱惑，难度可想而知。

主动就是内因，所以主动是职场质变的硬道理。

凡事只要主动而为，成绩便会放大，收获就会如影随形；被动接受的，是当一天和尚撞一天钟的应付差事，很难看到事务的实质，因而难有作为。

职场上总会触碰到几次机会，但机会只为主动者提供，就是想中奖，也要主动去购买彩票才可能遇见机会。机会是你职场路上的必经之站，你不主动，只是经过而已，它不会自己到来，只有自己准备好了，主动发现并主动出击，到达机会之站时，才能抓住它。

主动就是不要依赖。同事、上级都是一面镜子，是职场上的参照物，不是保姆，不是救火队员，每个人都有他自己的职场使命，没有谁有义务替代你完成你的路程。要相信自己的职场能量，别人能走通的路，我也一样可以，只有想不到，没有什么做不到。

主动就是马上行动。不要等待，知道了马上去做，任何的耽误都可能是错失机会的那一秒。听话照做，快速行动，行动中成长与完善，不需要什么事情都要弄清来龙去脉，都要打破砂锅问到底，要相信团队和信任自己，做出承诺，开始行动。

主动就是没有借口。一直往前走，绝不自我设限，逼迫自我去实现规划，去兑现自己立下的承诺。不为失败找理由，只为成功找方法，只要用心去找了，方法就会自己跑出来。充分发挥自己的能动性和智慧，为自己的职场成功负责。

主动就是给出结果。所有行动都是冲着目标进行的，一定要拿到一个有效的结果，没有结果的行动徒劳无益。拒绝没有结果的行动，因为那是浪费时间，是在空耗职场生命。所有行动中都要在心里不断告诫自己，今天我一定要有结果！

主动就是承担责任。在主动行动的过程中，一定会产生很多丰厚的收获，这是对你行动的奖励。但也必然会出现大量过失，这是你职场更加宝贵的经验，是你下一个更大收获的铺垫。只有主动承担了这些责任，并且毫不气馁，才是这个阶段的过关标志。

主动，很多时候表现为当团队需要你的时候，你会挺身而出。

战国时期，秦军在长平大胜赵军。秦军包围了赵国都城邯郸。

大敌当前，赵国形势万分危急。平原君赵胜，奉赵王之命，去楚国求兵解围。平原君把门客召集起来，挑选 20 个文武全才的门客一起去。经过挑选，最后还缺一个人。

门下有一个叫毛遂的人走上前来，向平原君自我推荐说："听说先生将要到楚国去签订'合纵'盟约，约定与门客二十人一同前往，而且不到外边去寻找。可是还少一个人，希望先生就以毛遂凑足人数出发吧！"

平原君说："先生来到赵胜门下几年了？"

毛遂说："三年了。"

平原君说："贤能的人处在世界上，就好比锥子处在囊中，它的尖梢立即就要显现出来。如今，处在赵胜的门下已经三年了，左右的人们对你没有称道，赵胜也没听到赞语，这是因为先生没有什么才能的缘故。所以先生不能一道前往，请留下！"

毛遂说："我今天才开始决定主动进到囊中。要是我早就处在囊中的话，也会像锥子那样，整个锋芒都会露出来，不仅是尖梢露出来而已。"

平原君终于带毛遂一道前往。

到了楚国，楚王只接见平原君一个人。两人坐在殿上，谈了很久都没有结果。

毛遂又一次主动站了出来，他大步跨上台阶，远远地大声叫起来："出兵的事，非利即害，非害即利，简单而又明白，为何议而不决？"

楚王非常恼火，问平原君："此人是谁？"

平原君答道："此人名叫毛遂，乃是我的门客！"

楚王喝道："赶紧退下！我和你主人说话，你来干吗？"

毛遂见楚王发怒，不但不退下，反而又走上几个台阶。他手按宝剑，说："如今十步之内，大王性命在我手中！"

楚王见毛遂那么勇敢，没有再呵斥他，就听毛遂讲话。毛遂就把出兵援赵有利楚国的道理，作了精辟的分析。

毛遂的一番话，说得楚王心悦诚服，答应马上出兵。

不几天，楚、魏等国联合出兵援赵。秦军撤退了。平原君回赵后，待毛遂为上宾。他很感叹地说："毛先生一至楚，楚王就不敢小看赵国了。"

毛遂一荐而成千古之名，他的成功就在于他在挺身而出之前做了大量准备，而这个准备的过程也是主动概念的范畴。

## 9. 氛围的力量

有这样一个职场公式:作为——行为——思维——氛围。

每一个心在职场的人,都渴望有所作为,所有的作为,都是由每日的行为一点一滴积累起来的,而指导有效行为的,是正确的思维,良好的思维来自日常所处的氛围。

只有身处一个好的环境,好的氛围当中,一个人的进步才会最快。

孟母所以三迁,就是为了给孩子寻求一个好氛围,好环境。

自己所处的工作团队就是自己职场上的环境,这个团队有没有一个好的氛围,直接决定了自己的职场前途,直接影响着自己的职场命运。直接关系到自己的职场结局。

好氛围可以潜移默化自己的言行,好氛围可以言传身教自己的品德,好氛围可以耳濡目染自己的操守。好的职场言行,会使自己围建起优质的人际圈,好的职场品德,会让自己拥有最强大的负责任心态,好的职场操守,会推开自己职场巅峰的金色大门。

好氛围犹如四面立起了镜子,可以随时对照自己;好氛围就像一个正能量场,每时每刻都可以吸收正面力量;好氛围能让自己不松懈,好氛围可以使自己保持好状态。

好的氛围绝不是由天而降的,它需要营造。好氛围不是想有就有的,它需要你的营造。

氛围营造不是哪一个人的事情,它是团队的首要,好团队都注重氛围的营造,只有有了好的氛围,团队才会更快发展,团队才更有魅力和战斗力。

好氛围关切每一个人,所以永远不要寄希望于别人主动把氛围给你,你其实就是氛围的制造者,氛围是集体的事情,这里面就应该包括你,不在乎团队氛围的人,就在游离于团队,在氛围之外的人,就是自绝于团队。

有自律性的人需要好氛围,这是保持自律持久性的土壤,是向上力量的加油站,也是建立同质类友谊的最佳场所。

没有自律性的更需要好氛围，这是推动自己自律的最好环境，让氛围监督自己的惰性，让正面的情绪左右自己的信念，进而支配自己的正面行为。

对于好氛围的关注，古圣先贤向来十分重视。

孔子晚年对周易爱不释手，从中参透出生命的要义。

有一天，孔子把曾子找来，莫名其妙的对他说："我快死了，我死以后，子夏的学问会越来越好，子贡的学问却会退步。"

曾子心中很疑惑，就问："为什么呢？"

孔子道："子夏喜欢与比他贤德的人在一起，而子贡却喜欢与不如自己的人在一起。"

"这有什么关系呢？"曾子依旧不解。

孔子笑了笑，说："不了解他的儿子，可以看看他的父亲；不了解一个人，可以看他所交往的朋友；不了解君主，可看他所任用的人；不了解一个地方的土质如何，看那儿长出的草木状况便可知道。"

孔子见曾子似懂非懂，就接着说："跟善人一起，就像到了长满香花草的房子里，时间久了，也不觉得香了，因为已经与它同化。而跟不善的人一起，就如同走入出售鲍鱼的店里，时间久了，也不觉得臭了，因为也被它同化了。朱砂放的地方，往往会变成红色；而贮藏漆的地方，就变成了黑色。因此，君子必然谨慎地选择与自己在一起的人啊！"

这段对话就是"近朱者赤，近墨者黑"的典故。

与什么样的人相处，和什么样的人在一起，就是我们所言的氛围场，它常常会影响到自己的发展。因此有人说：学好三年不足，学坏一日有余。所以，善于学习之人，深谙氛围重要性的人，就会很谨慎地选择朋友，如蓬生麻中，不扶而直。

《弟子规》中有这样一段话："能亲仁，无限好。德日进，过日少。不亲仁，无限害。小人近，百事坏。"说的是同样道理。

能够和仁德之人亲近，有非常多的好处，最基本的就是可以让自己每日都提高道德学问，而减少犯错误的几率，不用担心前途不光明，不用担忧修养不丰足。而不愿意与仁德之人相处的，存在巨大的贻害风险，与不善之人过密，一定会影响到个人前程。

因此，选择朋友，其实也是在选择氛围，而氛围，对我们一生的影响都很紧要。

《论语》说:“益者三友:友直,友谅,友多闻。”正直的朋友,宽厚仁恕的朋友,博学广识的朋友,可以帮助我们,是我们的良师益友。亲近良师益友,就是在自我修行,避免犯职场路上的低级错误。

好氛围毫无疑问会帮助我们建立良好而正确的信念。当我们的信念固定了,有价值的思维不断涌现,高效正面的思维指引我们的行为,行为也开始固定了。

所以,源头的问题解决了,下游的很多事情会迎刃而解。

一个良好的行为习惯,必然带来良好的结果,带来职场上的作为。

不管是个人发展,还是团队建设,虽然我们强调结果的落实,结果的重要性,但一切的结果都是氛围的产物。职场首要重点建设的目标就是氛围建设。

## 10. 为什么会是现在这个样？

初入职场，很多感念还没有产生，当职场之路走过半程时再回首，很多人就会禁不住的要问：为什么会是现在这个样了。

如愿以偿的，是因为有一个愿望，矢志不移；实现梦想的，是因为怀着梦想，从未放弃。

而历经职场十几年一无所获或者建树不多的，都是自己没有想收获，没有想建功立业的初衷定格的。职场上一切的结果，都是自己一步一步带到的，没有例外。民间俚语所说“脚上的泡是自己走的”，就是这个道理。

凡事因果相随，有因才有果。

我是不是这个样子：看见满街都是新崛起的高楼大厦，我这样认为：这么好的房子一定很贵，一定是有钱人的家，我怎么可能买得起呢？

见到马路上到处都是五颜六色的小汽车在穿行，这么漂亮高性能的汽车一定会很贵，一定是有钱人的车，我怎么可能买得起，用得起呢？

于是，现实满足了我的认为，我一直没有能力或者钱能够买得下一间房子，我也一直没有能力或者钱能够买得下一辆心仪很久的车。

结局就是，到了今天，我还是一如既往，十几年不变地依旧徘徊在马路上，看着别人的改变发呆。结果是公平的，我没有得到我认为我得不到的任何东西。

但在内心深处，我真的是这样想的吗？是真的不想拥有这些物质吗？

什么时候我开始有了深处的内心？在这深处上面是什么？为什么不敢表达出自己心里的想法？是自认为这个是不可求的奢求吗？还是胆怯，是不自信吗？我为什么会一直用所谓的现实来麻痹我的欲望，我的追求，我的理想。那些现在有车有房的人是不是没有经历过我的这段路程，如果有，他们此刻是怎样想又是怎样做的呢？

想，几乎就是职场成功的起点，做，就是到达职场终点的班车。

想，就是我的认为，做，就是我认为下的行动。

因上的问题不解决，果上就要呈现出来，命运的终结都是路上预埋好了的。结果都是身体力行而预设的必然。

南北朝时期的北周大将贺若敦，虽常有战功，但为人自大，不甘心居于同僚之下，自恃有功，常常肆意谤议朝中大臣。最后为晋王宇文护所不容，下令逼迫他自杀，他知道这是他管不住自己的舌头而带来的祸害，才落得了身首异处的下场。

临死前，他叮嘱看他行刑的儿子贺若弼，对他说："我本来是想去平定江南的，现在看来是做不到了，但你要继承我的志向，一定要完成这个使命。另外，你要知道我是因为抱怨和牢骚而死的，这一点你可要引以为戒啊。"

说完，贺若敦用锥子把贺若弼的舌头刺出血，用此告诫贺若弼慎言。这就是著名的锥舌诫子的典故。这里贺若敦似乎看见了儿子的生命归宿。按说这样血腥和残酷的现实教训，孩子理当牢记，但历史偏偏记载下了贺若弼类似的下场。

光阴似箭，斗转星移，几十年过去了，贺若弼少有大志，甚为骁勇，善于骑射，又博闻强识，被隋朝开国皇帝杨坚赏识，通过战功，先是当上了隋朝的右领大将军，后被拜为江南军事总管，经略一方，担负起消灭江南陈国，统一中国的大任来。

后来果然因战法得当，一路势如破竹，攻陷陈国都城，活捉了陈国后主。贺若弼也由此进位上柱国，封爵宋国公，不可不谓地位显赫。即使如此，贺若弼闲言碎语的老毛病还是显现出来了，他开始骄傲自满，常以宰相自诩，只要别人升官高过自己，他就心里不平衡，并将这种不满的情绪肆无忌惮地显露出来。

有一次，隋文帝杨坚听到了他的一些牢骚，便把他找来，当朝责问："我任命高颎（音 jiong）、杨素为宰相，你却背后说他俩是酒囊饭袋，这是什么意思？"言外之意是在问贺若弼我是不是用人不察，是不是和他俩一样？

贺若弼素来言语不慎，很多公卿对他不满，认为贺若弼怨愤过重，奏请处以死刑。隋文帝犹豫数日，考虑到他的作战功劳，虽免他一死，但除名为民。再后来，杨广即位，以诽谤朝政罪为贺若弼定罪而将其诛杀。

贺若弼绝对是有功之臣，从宋朝追封古代七十二位名将，贺若弼赫然在列，就足以看出他的能征惯战和战功卓著。但其父子两代人相同的下场，除了唏嘘叹息之外,我们收到了什么信息?感悟到了什么智慧?我们还能说职场上的结果是偶然的吗?我们能不说今天的结局不就是昨天我们自己亲手预埋下的吗?

物有本末,事有终始。职场上的一切都按照运行规律在流转。为什么在结果还没有出来之前,就有人能够预测出它的结果来,不是神机妙算,不过是掌握了职场规律,人性规律而已。也就是说按照我们现在做事的轨迹,也一样可以测算出我们的职场未来。过程和结果之间的联系就是这样的紧密,有职场记录以来,从来没有改变过。

# 11. 开放而收获了真诚

若要在职场上取得巅峰成就，就要遵循职场上每一则规律。包括要做到善于聆听他人话语；诚实对待职场上的任何事情与人际关系；注意自己给他人的第一印象；要做到可以让他人信任自己且要自己也信任团队；要像一个九鼎之人那样去要求自己；要对自己有承诺而信守这个承诺；用心在职场上的每一时刻；主动去创造职场业绩；注重营造和维护良好的职场氛围等等。

但是这些又是如何才能轻而易举得到呢？什么样的方式是正确的，是收效最快的呢？答案只有一个，那就是快速融入到团队中来。而融入最便捷的方式就是打开自己的心门。

开放心门，坦诚迎接团队的真诚，开放自我，热情迎接职场的力量。

开放就是不封闭自己的心灵，不关闭自己的感受，就是接纳和融入。

开放就是不扭捏，不做作，不矫情，不推三阻四，，不要只听不做，要互动。

封闭的不是自己的交际圈，而是机会和智慧。关闭的不是自己的一颗心，而是成功的环境和职场的氛围，因为封闭而关闭的通道，是职场成功之路，路上若没有喜悦相伴，若没有鲜花相陪，若没有快乐相随，必将越走越黑，越走越孤单，孤单的身影是没有能量的，没有力量的前行怎么能抵达成功的终点？

想收获力量，就要收获朋友，想收获朋友，就要打开心扉。

没有谁能真正的帮到你，任何人在帮到你之前，其实你已经帮到了自己。自己是自己第一个帮助者，这个帮助就是他帮你推开自己心门的那股动力。

每一个人的心门只有从内才能打开，而守在自己城堡里的只有自己一个人。

纵观职场得失经验，成功无不是真诚带来，真诚无不是开放带来。

将相和就是著名的案例。

战国进入七雄时代，秦国最为强大，齐国次之。赵国夹在这两国之间，承受着巨大的生存压力，尤其秦国总是不断的找赵国麻烦，时常借机欺侮赵国。紧张时局的逼迫，让有志向的赵武灵王开始追求内变，胡服骑射就是一个明证。

改变自己而改变不平衡。正是赵国的积极进取，主动求变，才赢得片刻喘息。

到了赵惠文王时，国家出现内乱，内乱必会引来外敌。几次外战失利之后，赵国陷入岌岌可危的境地，秦国再次虎视眈眈起来。当时赵惠文王得到了稀世珍宝和氏璧，秦王闻听后，就派使者对赵王讲，愿以 15 座城池换取和氏璧，换和不换都会是问题，赵国面临两难，名不见经传的蔺相如奉命带璧出使秦国，与秦王当庭斗智斗勇，最后不辱使命，完璧归赵。事后赵王封蔺相如为上大夫。

在蔺相如完璧归赵的第二年，又发生了渑池之会，在那次秦赵两国国君相见的会上，秦王数次发难，多亏蔺相如表现出色，凭着机智和勇敢，不卑不亢，据理而争，使赵王未受辱于秦，保全了赵王尊严和赵国荣誉。秦王见赵国有这样的人才，不再敢小觑赵国。赵王归国后，因蔺相如之功再封他为上卿。

大夫和卿都是官职名称，战国时，上大夫是最高一级的大夫。上卿是诸侯下面最高的官职。老将廉颇曾因战功，早被提升为上卿。蔺相如也做上卿，而且由于蔺相如是文官，上朝集会时，位置在廉颇的右边。秦汉以前以右为尊，所以廉颇很不高兴，愤愤不平。

廉颇是当时赵国最为杰出的一名大将军。曾大败齐军，攻占过齐国的大城阳晋，以勇猛善战闻名于诸侯各国。廉颇认为蔺相如不过是一介文弱书生，只凭口舌之功却比他官大，对此心中很是不服，而屡次对人说：“以后让我见了他，必定会羞辱他。”

蔺相如知道此事后尽量回避不与他相见。每逢上朝常推说有病，不跟廉颇争位次。过了些时候，蔺相如出门，远远看见廉颇，就掉转车子避开他。

长此以往，蔺相如的手下便开始埋怨，对蔺相如说：“你的地位比廉颇高，他口出恶言不说，还处处与你过不去，而您却害怕他躲避他，怕得太过分了。就是普通人对这种情况也感到羞耻，更何况是上卿的您啊！”他们受不了这个气，纷纷表示要离开蔺相如。

蔺相如挽留他们说：“你们看廉将军与秦王相比哪个厉害？”

手下们都说：“当然是秦王厉害。”

蔺相如说：“秦王那样的威势，我都敢在秦国的朝廷上呵斥他，羞辱他的群臣。你们说我会害怕廉将军吗？但是我想到，强大的秦国之所以不敢轻易对赵国用兵，只是因为赵国有我们两个人在啊！如果我们两人现在两虎相斗，势必不能共存。那样国家就危急了啊。”

手下们听了这一番话，非常感动，以后看见廉颇的人，都小心谨慎，总是让着他们。

后来这些话传到了廉颇的耳朵里，他惭愧极了。于是他脱下战袍，露出赤坦的上身，背着荆条，由手下引导来到蔺相如家的门前跪地请罪，请蔺相如鞭打自己。说：“我这个粗陋卑贱的人，想不到宰相宽容我到这样的地步啊！”

蔺相如的真诚开放换来廉颇负荆请罪的赤坦开放，以信任换取信任，以爱换取爱，以真诚换取真诚，两个人终于和好，成为生死与共的朋友。正是由于廉、蔺交和，尽心报国，使得赵国内部团结一致，赵国又一度强盛起来。

成败就在一念之间，开放还是封闭，由自己决定，这个决定，决定了职场结果。

## 12. 我能做别人的死党吗？

职场上要有真诚的朋友，真诚的朋友又可称之为死党。

这里的死党所指绝不是封建社会里的死党定义，只是借来表述而已。职场上的死党含义是知心知己，互为镜子，彼此监督又彼此励志，信赖别人又能为别人信赖。死党它不是一个词，不是玩笑称谓，不是说说就了的随意，而是认真的在拷问自己做人的准则。

我们可以确认职场上有几名死党要比没有死党的发展更好，进步更快，因此结死党是职场上较为常见的结盟关系。通过死党的存在，使得自己更多获得真知灼见，通过自己做他人的死党，使得自己更加具备责任心，从而踏踏实实地稳步向前。

但要想别人做自己的死党，首先要能做别人的死党。将心比心是公允的，等量交换是公平的，用对等的真诚换回的友谊是牢固的，是可以信赖的，是长久的职场关系，这些职场要素不仅在检验着自己职场上的成熟度，还直接左右着自己职场的发展方向与速度。

这里的死党是单指正向的职场关系，至于麻友、牌友、棋友等虽以死党相称，意义却相差万里，不在此论述。本文所指死党一词可以归结为一个具体行为，那就是无利益心态的去关心身边职场上的朋友，让他认你做死党。

无利益是本词关键，一旦这个词汇被利益绑架，就词义骤减。所有的死党意义上的交往一旦裹上了蝇头小利的概念，死党的真实价值也就没有了，死党也就到此为止了，相互利用的关系不配称之为本文中的死党。因为归根到底，我们穷其毕生追求的职场价值，是有意义的，是要经得住经验的，可以让自己赏心悦目自豪的，而不是见利忘义，不是浅薄的钱钱或钱权交易，那种死党从来不会是长久的。

在中国历史上有这样一个人物，他的官衔不是最高的，只做到了五虎上将；不见留下什么墨宝文采，不过听说能看看《春秋》而已；武艺也排不上时代第一，三人打一个都没有打赢；战功也不见有多么宏大，最棒的胜利却下场最惨，一场胜利之后就是惨败，败到身首异处，被人活捉还让人把头给砍了。就是这样一个人，死后千年，被尊为武圣，据清朝末年的统计，在全世界各地为他建的庙宇多达30万处，比文圣孔庙多了近10倍。

这个人就是三国时期的蜀汉名将关羽。

人们纪念他的就是忠义精神，忠义是死党的基本要求，没有忠义二字何来死党之说，所以说关羽是百分之百的死党式的人物。

东汉末年，朝政腐败，进而天下大乱。这一天，贩履织席为业的刘备，卖酒屠猪为生的张飞和因杀人而逃难江湖，颠沛流离贩枣五六年的关羽，他们三个人在河北涿县偶遇了。就是在人海之中彼此多看了一眼，从此意气相投，言行相依，他们三人选择了一个桃花盛开的季节，特别又选择了一处桃花绚烂的园林，举酒结义，对天盟誓，相互依靠，有苦同受，有难同当，有福同享，共同实现自己职场的美好理想。

三个起点并不高的人，因为结义，而不离不弃，因为死党关系，而开启了他们载入史册又波澜壮阔的职场之旅。为我们今天留下了经典的死党诠释。

桃园三结义之后，刘备起兵，关羽、张飞紧紧跟随。三人创业之初情同手足，可席地而食可寝则同床，恩若亲兄弟一般，当刘备坐下时，关、张二人更不辞辛劳随身守护。

但他们事业的发展并不顺利，相反是历经磨砺，最惨的一次，刘备为曹操所败，兄弟三人乱中失散，关羽被曹操军队包围。曹操非常欣赏关羽才华英武，希望招降关羽，遂派张辽游说关羽，关羽出于对刘备的结拜誓言，以及保护兄嫂不被侵犯和与张辽的情谊，同意暂时归降曹操，但提出了三点苛刻条件：一是降汉不降曹；二是要确保兄嫂安全；三是如有刘备消息要立即离去，曹操不能阻拦。

曹操爱才心切，只得同意，希望通过自己的努力来影响关羽真心归降。在关羽归降的日子里，关羽受到了曹操极高的待遇，被封为汉寿亭侯，上马赏金，下马赐银，并将自己所爱赤兔宝马也赐予了关羽。当然关羽也非毫无报答，斩颜良诛文丑，立下大功。

关羽身在曹营心在汉，当他得知刘备下落时，毅然去辞别曹操，曹操选择避而不见，最后关羽挂印封金，不辞而别，携刘备家眷千里走单骑。期间面对重重困难过五关斩六将，忠肝义胆，在所不辞，义薄云天。真是："忠义慨然冲宇宙，英雄从此震江山。”

死党就得有关羽精神，不为利益所惑，不被问题所困，不让消极所绊。一个人具有了死党品质，生命里就不会缺少死党挚友。像关羽，不仅刘备把他看作死党，关键是刘备的对手曹操也把他视为死党，可见关羽人气之高。

关羽忠心不二的情操是历史的真实，不是后人的演绎夸大，这从关羽死后魏蜀吴三个国家都为其举办丧礼史实记录可见一斑。

做人死党就是做人要忠义，要关心视我为死党的人，要同心协力，互相礼让，用真诚和尊重，用谦逊和守护，在职场路上与死党们一起快乐地跑着。

## 13. 做个好主人

职场上，除了要做好他人的死党外，还要做好他人的主人。

每一个人都会是一些人心里的主人，你在这些人的心里永远都是至高无上的，永远都是最为珍贵的，永远都会受到偏爱，他们对你的好，是无法用言语来形容和描述的。

他们一直在你面前注视着你，生怕你走错了职场上的路；他们一直在你身后扶持着你，有时是故意不让你感受到他们的相扶；他们一直在你身旁关心着你，时时刻刻都在为你操劳而不计较你的态度，他们都是你的天使，一路陪伴着你的天使。

但是你是一个好主人吗？有没有做主人做久了，慢慢习惯他们细微的照顾？而觉得理所应当？有没有做主人做到忘却了自己还有一群天使在身边，因为在你的心里已经忽略了他们重要的存在？有没有做主人做到开始麻木？不知不觉中淡化了天使们真挚的感情。

人有时候就是这样舍近而望远，就是这样感受不到身边最近的爱。

做个好主人，把天使们的关切和爱牢牢地聚拢在身上，时刻都不怠忘，让亲人们放心，让呵护我们的人放心，让伟大的天使们放心。

好主人是不会逃避责任的。在责任面前总是勇敢的承担，其实每一次这样的勇敢，都会收获很多力量，这种力量滋润着自己心灵的健康成长，使得职场路上更加自信昂扬。最为重要的是不仅是我受到了嘉许，还有我身旁的天使们，也一样感受到了快乐和幸福。

好主人是一定会凝聚天使的心的。他会把天使们期盼的目光和鼓励的话语都凝聚成职场上的正能量，表现出来，给他们看到，我知道我的每一次优秀的表现，都是对天使最大的爱的回报，我越是这样，天使给我的空间和自由越大，因为他们信赖了我。

好主人是不会自私的。自私就会不断失去朋友，自私就是自己在为自己砌上一堵封闭的墙。这个封闭会让自己远离天使，远离成功，远离自己的职场梦想。不自私就是多分享，快乐和朋友分享就是双倍的快乐，把收获和天使们分享，就是对天使的致敬。

好主人总是充满热情。似乎总有一股使不完的劲，似乎身上总有一团热火在燃烧，让靠近的人感到温暖和激扬，也让天使感到欣慰和欢畅。我知道热情是职场上不能缺少的，没有了热情，等于宣告职场上的死亡。不让天使失望，就要像太阳一样。

好主人总是会察觉到天使的变化。哪怕一丝一毫的举动，都会引来我的注意，从而借此机会检视一下的身体力行，哪一点走了样。我知道天使更多的时候都比我在意我自己，这是倾注心血关爱的表现，我怎能不诚惶诚恐，小心翼翼的珍惜？

好主人都是一个敢于主动创造的人。胆怯与自卑可不是好主人字典里的词，面对任何机会，我都不会等待，我要主动创造业绩，证明我就是一个好主人，我已经可以成熟地应对职场上的各种变化。放心好了，就请耐心等待我职场上的捷报吧。

好主人的品质还有很多很多，只要是对得起奉我们为主人的，那些天使们心愿的所有行为，都是好主人要学习的，借用《奉献》中的歌词，“长路奉献给远方，玫瑰奉献给爱情，白云奉献给草场，江河奉献给海洋，白鸽奉献给蓝天，星光奉献给长夜，雨季奉献给大地，岁月奉献给季节”。我拿什么奉献给你，我的爱人，我的朋友，我的小孩，我的爹娘。是啊，拿什么来奉献给他们，我的天使，这是要做一个好主人永远的自命题。

汉高祖刘邦就是个好主人。

刘邦承担责任。一次他以亭长的身份押送劳役，路程很远，走到一半劳役已经跑了很多，他就让队伍停下，对剩下的劳役说：“趁着夜色，你们都逃命去吧，后面的事我负责。”

刘邦不自私。每次战斗胜利后，刘邦都把战利品分给士兵们，攻下的城池也都就地分封给了作战勇敢的军官们。

刘邦在乎下级。楚汉战争前期，刘邦屡屡败北，但他知人善任，注意纳谏，充分发挥部下的才能，又注意联合各地反对项羽的力量，终于反败为胜。

刘邦主动。少年刘邦曾钦慕魏公子信陵君，步行百里主动去投奔他的门下，只因信陵君已死才转投他的门客张耳门下。刚刚起义时，刘邦带一队人在黑夜里行走，忽然走在前边的人回来报告说："前边有条大蛇挡在路上，还是回去吧。"刘邦主动站出来说："大丈夫走路，一条蛇有什么可怕的！"于是赶到前面，拔剑把大蛇斩成两截。

刘邦热情。热情到吕公第一次见到刘邦，就要把自己的女儿许配给他。

刘邦凝聚人。他在去投奔别人的路上，遇见了也要去投奔同一个人的张良。二人见面后交谈，大有相见恨晚之意。于是张良放弃投奔他处的念头，直接投奔到刘邦这边来。刘邦的聚人之力极强甚至连高阳酒徒都愿意主动加入到刘邦麾下。

刘邦布衣之身，因为这些优点而达到职场巅峰。但细品这些品质，似乎在职场上也并不难做到，难的是我认为我做不到。

## 14. 孝的四重境界

做好了当个好主人的准备，就能当个好主人；做好了职场成功的准备，就能够迎来职场成功；只要成功就会拥有财富，但盘点下来只有金钱的职场不能叫成功，只能说他是个有钱的人。成功前提是做好人，做好人最基本的条件是对父母长辈行孝。

孝文化在中国源远流长，它不是职场上的事情，是做人本身的事情，它不是可以表彰的事迹，而是人的本分，人的义务，人的本能。这一点做不好，做不到位的，职场上的地位再高，财富再多，你也可以藐视他，所谓为富不仁不义，不足挂齿。

中国人的传统观念中，辈分观念长期存在，上有四代长辈，下有四代晚辈，形成了"高祖、曾祖、祖、父、本人、子、孙、曾孙、玄孙"的壮丽系世。家谱，家训，族谱，祠堂等等都是孝文化的承载方式。中国人喜欢人丁兴旺，乐见四世同堂；中国人强调家和才能万事兴旺；中国人最朴素的幸福感就是儿孙绕膝，子女争气，自己才能安享天伦之乐。

所以说中华民族是个懂生活的，热爱和平的，乐善好施的民族，几千年来这个民族代代相传，从未中断，用生生不息的奇迹傲立于世界民族之林。它的壮美辉煌下必然也有它存世的价值和超强大的理由，孝文化不能不说就是其中一点光芒。

人在职场上，不能一昧的埋头赶路，那样反而会迷失方向，一旦踏上南辕北辙的行程，走的越快，离目的地越远。方向是自然界自定的，我们只需拿好指南针就行，孝文化是指南针当中一个金灿灿的品牌。了解孝文化和传承孝文化，是中国职场上的必修课，这堂课不是从进入职场开始学的，而是从你出生开始就已经在学，现在不过是在补课。

孝是没有前提的，也没有准确起始时期的考证，似乎中国人自始便有这样的美德。有文字记载以来，孝文化集腋成裘，渐渐形成体系，这就不能不提周公。

周公，可说是中华文化的奠基人，没有他的东征迁徙，开疆辟土和民族融合；没有他的建都洛邑，推行井田和倡导尊卑；没有他的制礼作乐，建章立制和完善宗法，东方中国960万平方公里的疆域会不会像现在1016万平方公里的欧洲一样四分五裂成44个国家？要知道当时受到周天子册封的诸侯也多达71个啊，这岂不是很有些相似？

没有周公奠定的中华文化这块基石，在中国这块土地上的千年演义中，还会不会上演分久必合的历史大剧？为什么会分久必合，因为文化的捏合。在同根同源的植入人心的璀璨文化面前，分歧都是暂时的，归一却永远是民心所向。

在周公新制的厚厚的文化宏图中，孝文化就是其中的一个板块。

记载于《尚书》里的故事可见孝的一溪源头。

西周初年，武王死后，周公摄政，国家初定，政事千头万绪，周公是异常忙碌，非常注重礼贤下士，尊重贤能之士，善待来者。常常是洗一次头发时，要中断多次，手握头发去和来访者交谈；常常是吃一顿饭时，要多次停下来，吐出口中食物去和来访者接洽。生怕因为这些事情而错失一个能人贤才。

一天，周公的儿子伯禽和周公的八弟康叔来见他，这两个11岁左右的孩子在这一天当中三次去见周公，结果三次都被周公用竹条抽打，也不说原因。

弟弟康叔很害怕又很奇怪，就对伯禽说："我知道有一个叫商子的，是个很有学问的人，咱们去问问他，为什么周公要打我们，好不好？"

伯禽同意，两个人就去找商子，见到商子后就把事情说了一遍。商子不直接回答所以然，而是对他俩说："在终南山的阳面有一种树木，叫作乔，你们可以去看看。"

两人匆匆赶往去看，见到乔树高大挺拔，威严直立，一种凛然不屈的感受，他俩返回后就把看到乔树的感受告诉了商子。商子说："这乔树啊，就是做父亲的样子。你们再去一次山的阴面看看，那里也有一种树，叫做梓树。"

两个孩子又赶紧去看，见到梓树恭敬低垂，自然而俯，一种谦谦受命的感觉，两人快速返回商子家中后，又把看到梓树的感受告诉了商子。商子说："这梓树啊，就是做儿子的样子。"伯禽和康叔这两个聪明的孩子，马上就领悟出了道理，他们明白了是自己的品行没有做到儿子的样子，没有遵守礼仪规范，而周公忙碌到没有时间和你解释，用鞭笞的方式在告诫我们做的不对，缺少礼仪、恭敬和孝心啊。

第二天，伯禽和康叔又去见周公，按照礼仪的要求，他俩入门而趋，登堂而跪。周公一见到两个孩子如此守礼懂事，特别开心，快步迎上前去，用手扶起他俩，犒劳一顿大餐，周公边请他俩吃饭，便好奇的问："你们两个是不是见到了圣贤之人啊？"

儿子要有儿子的样，是孝之初，孝文化到了《孝经》时代，以浑然大成，养父母之身、之心、之志、之慧这四个境界悄然浮上水面。

第一重境界叫侍之孝。就是身为儿女要在父母身边侍候父母，照顾他们的饮食起居是义务，是责无旁贷的分内之事，子孙理所应当的最基本的行为。侍候时要做到"父母呼，应勿缓"和"父母在，不远游"。尤其在父母年老，行动不便时，更要做到。

侍之孝还要做到"父母之年，不可不知也，一则以喜，一则以惧"。喜是高寿，惧则是要更加小心谨慎，周到细微。

第二重境界叫养之孝。月月给父母买东西，添置物品就是在表孝心，就是在尽赡养之义务，赡养不是要等到父母年岁大了才开始的备份，而是父母把我们送上了职场之路，我们有了工资回报之后就要启动的程序。针对父母生养之恩，回馈多少都不为多。

但赡养还是要量力而行，做到尽力就符合礼仪。孔子弟子子夏说的"事父母，能竭其力"就是这个意思。如果一定要设立标准的话，15%的工资交给父母做赡养费，不算多。

第三重境界叫敬之孝。无论父母带给了我们什么，我们在赡养的基础之上，要保持对父母的恭敬心。要尊重父母的举止言行，主要表现在表情和语言上，所谓"色难"就是指不要给父母脸色看。做到这一点可称得上是大孝子了，内心的浩然正气自然会增添许多。

《论语》说："今之孝者，是谓能养；至于犬马，皆能有养，不敬，何以别乎？"就是第三重境界的孝道，也是在孝养父母之志。

第四重境界叫扬名之孝。就是通过自己在职场上的努力，达成足以让父母为之骄傲和自豪的业绩出来，来弥补侍候不足，赡养不全的缺憾，这就是古圣先贤所说的："立身行道，扬名于后世，以显父母，孝之终也。"是最高境界。

"夫孝，始于事亲，中于事君，终于立身"也是这个含义。

孝文化的社会价值远大，职场价值同样超凡。若我们的职场起点是从孝文化中一路走来，我们就会发现我们所处的就是一个最棒的环境，所谓小孝齐家，中孝治企，大孝平天下。

## 15. 不孝是一切问题的根源

孝文化伴着中华文明史而一路走来，在今天西学东渐的环境下，面对今天社会上出现的各类不良现象和人伦问题，再反观我们孝文化的要义，价值突增，尤显重要。

是的，几乎所有的不良与恶习，所有的卑鄙与无耻，所有的丑陋与犯罪，都和不孝的意识有关。不孝就是没有廉耻心，只有没有廉耻的那些人，才会丧心病狂，才会不计后果的去犯案，去制造伤天害理的事。所以，职场上面试官最易操作的鉴定银针就是看看求职者是否有孝心和有没有尽孝的行为。有，没有能力，学历低也要录用，没有，坚决不要。

一个人若在尽孝这个问题上还有疑问，还有很多婆婆妈妈的说辞、借口，不要说职场上不录用，就是在好友册上也要把他删除了，这是对他最好最直接的教育。千万别指望他可以信赖，别指望他能善待友谊。告诉他，若想回到册上来，先去尽孝。

弟子中长得很像孔子的有子说“其为人也孝悌，而好犯上者，鲜矣。不好犯上，而好作乱者，未之有也。君子务本，本立而道生，孝悌也者，其为仁之本与”的观点与上述观点基本一致，可见这个问题真不是新问题，也可见治理这个问题，我们祖上早已解决。

汉族旧称汉人是因中国的汉王朝而得名，汉朝以前称“华夏”或“诸夏”。2000多年前的大汉朝开启了中国最大的版图，也启蒙了中华民族最大的自信心。汉朝之所以强大，所以能够延续400年的强盛，和它的用人制度有关。这个制度就叫“举孝廉”。

举孝廉，是汉朝一个用人制度的创举，它结合孝文化主旨，是一种由下向上推选人才为官的制度。孝廉，是功名，有功名便可实授官职，小孝小官，大孝大官。翻开关于汉朝记录的史书，自汉武帝以后，不少名公巨卿都是孝廉出身，对汉代政治影响很大。自隋朝开启的科举制度之后，再也没有一个王朝超越过大汉，或许与此有关。

孝廉，即孝子廉吏。一个人不孝，说明良心坏了。不肖子孙，不堪重用。

孝是德行，唯孝是举，举而无大错。有德无才，才可育之，有才无德，才可祸之。当下职场又何尝不是？考察人，评价人，衡量人，先从孝上察看绝不会有大错。这些话看上去有些绝对，但只要我们细细品尝就可以说它绝非武断。

古往今来，最振奋中华民族心的一句话是：“明犯强汉者，虽远必诛！”

这句话出自陈汤将军的奏章，他是在向汉朝皇帝表明他击退匈奴郅支单于的功绩。全文意思是：应该把砍下来的匈奴的人头悬挂在匈奴居住的街道两侧，要让他们知道，敢于侵犯我们强大汉朝的，即使跑的再远，也一定要追上杀掉。

陈汤，西汉名将，绝对优秀的军事将领。

西汉时期，西域的匈奴部落很复杂和混乱，常常侵犯袭击中国边境，尤其是郅支单于，他以武力兼并了几个匈奴部落，拥有了千里之远的势力范围，日益强盛，屡犯大汉。他先是囚禁了汉朝使者江乃始，后又杀死了汉朝另外一个使者谷吉。郅支单于每次骚扰和袭击完大汉城郭之后，都跑的远远的。

大汉王朝困扰不已，这时“沉勇有大虑，多策谋，喜奇功”的陈汤挺身而出，先以布衣百姓身份深入敌境侦查，每路过城镇或高山大川时，他都登高远望，认真观察、记忆。后假传圣旨，引领当地汉军6万余人，在没有后援的情况下，孤军深入，直捣虎穴。

在陈汤指挥之下，汉兵各个勇猛杀敌，在异域纵深的腹地将郅支单于击杀刺死。割下郅支单于的首级，又从狱中解救出两名汉朝使者，大获全胜。整个行军与作战的经过，都堪称冷兵器时代世界级的经典战例。

但就是这样一个立下千载之功的将军，在汉朝用人制度面前，其敢于假传圣旨的胆大妄为的一贯品性还是暴露无疑。陈汤出仕也是被人举孝廉的，但当他父亲去世，陈汤听到了死讯而没有回家奔丧时。整个朝廷对陈汤的人品开始质疑，对曾经作战时的军纪开始彻查，果然发现在凯旋前，陈汤曾大肆聚敛战利品，私藏很多奇异珍宝。

陈汤因缺乏孝道被撤职；又因欺君之罪被捕入狱，准备处以死刑，后因战功被特赦。

若干年后，汉朝皇帝惜陈汤的军事才能，再次启用，任他为从事中郎，但他终归人品低下而又陷入受贿事件导致身败名裂。最终又被免职为庶人，终生不用，郁郁而终。

《尚书》之《无逸》一开头，周公就大声疾呼：知道种地务农的辛劳，才能懂得普通农民的隐情。父母辛勤务农，而他们的子弟不知道种地的艰辛，就会贪图安逸乃至妄诞，甚至还要侮辱他们的父母，说什么“老年人，你们什么也不懂”这种混账不孝的话。作为执政者一定不可以容忍这种行为！这样的话也是绝对不许讲的。

在后面的《康诰》中，周公明确提到，对不孝不友的人一定要处以刑罚。

陈汤的下场就是在继续着周公制定的这些制度，很符合周公“刑兹无赦”的主张。即使现在看来，礼乐文明的西周和无比强大的汉王朝都是推行孝文化的受益时代。要想找回这些远去的文明和记忆，只有从我做起，从现在做起，去兑现心中的爱。

## 16. 兑现心中的爱

从小到大，我们都在收获着爱，来了职场的边沿，迈进去，就和过去划上了句号。

进入职场就意味着长大成人，长大就意味不再仅仅是收获爱，还要付出爱。

这么多年以来的堆积，心中一定有很多很多爱的蜜意，爱的话语，爱的想法。是到了释放爱的年龄了，也是到了把爱兑现的年龄了。不让妈妈哭，不让爸爸担心，不让父母因为自己受累，是表现爱的内容。让妈妈漂亮，让爸爸挺拔，让父母为自己而自豪，也是表现爱的方式。你认为自己能做到什么样，结果一定是什么样。

天下子女首要的爱是回馈给父母的。父母爱他自己的孩子，是没有理由，没有想要回报的，一切的动机都完全源自伟大的本能。树欲静而风不止，子欲养而亲不待。别让匆匆的岁月渐行渐远时，望着父母的背影，心中再泛起无尽的忧伤和彻入心扉的遗憾。

心中有爱，就把爱写出来，把爱说出来，把爱兑现出来。

人生中最能影响职场的都是情谊，亲情、友情和爱情，所有的情谊都浓缩为一个字，那就是爱。无论身在何方，无论成绩多少，爱都不会因此而减少。每当爱涌上心头，力量也会跟随而至；每一次爱的兑现，都会带来一次职场生命的涅槃重生。

走过职场几年后，就会发现，职场上，最紧要处常常只有几步，尤其是刚刚步入职场的时候，遇到了什么人，做了什么事，几乎就奠定了职场走向，几乎就决定了职场未来，在这紧要处，如果没有爱的相扶相持，有时真是会让人迷茫。

别走错，要机遇，要智慧，更需要爱的帮助。

我们不能只是做一个爱的索取者，还一定要做个爱的付出者，只有这样，爱才能循环起来，爱才能永无止境。任何一个人在任何一个行业，任何一个岗位上，都会收到爱，只要自我愿意，也都有可以释放自己存积的爱。

释放爱是不能等待的，也不能长久储存，爱是再生的，只有放出去，才会有更多的进来。

不要怀疑我们的亲人不需要你的爱，以往我们总是拿着自己的心态去揣摩他人，我们认为父母不需要我们的电话，我们因此就不会给父母去电话；我们认为父母用不着我们给他们购买什么东西，我们因此就不会给父母添置物品；我们认为别人不需要爱，我们因此就不会去释放爱；一切的结果都是从我们的认为开始形成轮廓的，再慢慢到后来转变成现在这个样子。其实，确实不是他人需要这些，而是我们需要。

心中有爱，有孝，就马上去做好了，不用设想对方的心思，我的作为与对方的需求没有关系，不是他要我才做，是我想要这样做才做。

有一天，孔子去齐国，半路上，听到路边有人在恸哭，哭声很是哀怨凄婉。

孔子忙对驾车的人说："听这哭声，虽然听起来很悲哀，但却不是家中有人去世的悲痛之声啊！"于是，他让驾车人寻声去找，前进了一小段路后，便看到这个不寻常的人，他身上挂着镰刀，系着白带，蹲在湖下失声痛哭，然而却不是哀丧之哭。

孔子走下车，上前问道："先生，请问您是什么人呢？"

那人回答说："我叫丘吾子。"

孔子问："您现在并不是服丧的时候，为何会哭得这样悲伤呢？"

丘吾子哽咽地说道："我此生有三个过失，可惜是到了晚年才觉悟到的，现在已是追悔莫及了。"

孔子便问："您的三个过失，可以让我听闻吗？希望您能告诉我，不要有什么隐讳啊。"

丘吾子悲痛地说："我年轻时喜欢学习，可等我到处寻师访友，周游各国回来后，我的父母却已经死了，这是我第一大过失；我在壮年时，我侍奉齐国君王，然而君王却骄傲奢侈，丧失民心，我未能尽到为人臣的职责，这是我第二大过失；我生平很重视友谊，可如今朋友间却离散断绝了，这是我第三大过失。"

丘吾子又仰天悲叹道："树木想要静下来，可是风却刮个不停；儿子想要奉养父母，父母却不在了。过去了永远不会再回来的，是年龄啊；再也不能见到的，是父母啊！就让我从此辞谢这个人世吧！”说完，丘吾子便投水自尽了。

孔子很感叹地对弟子们说：“你们应记着此事，这足以作为我们的借鉴啊！”

时光易逝，容颜易老，当我们还有机会尽孝，还有机会兑现爱时，要马上去做啊，什么都可以等等、看看，唯有尽孝不能等，唯有爱的输出不能等，等，就会等来终生遗憾。

世界上有一个人，是在父母的保护下成长的，是在手足的关系中定位自己的，是在爱人的呵护中找到真爱的，是在朋友的关心中得到温暖的，你知道这些人经过了你的生命，也丰富了你的一生，但是要你谢谢他们时，你却又总是说不出口，这个人就是我们自己。

一直以为幸福在远方，在可以追逐的未来。所以我们的双眼始终保持着眺望，我们的双耳也一直仔细聆听，唯恐疏忽而错过那一刻幸福。后来长大了，渐渐明白了很多事，也才最终发现，那些握过的手，唱过的歌，流过的泪，爱过的人……所谓的曾经，就是幸福。

兑现心中的爱，一定不要等待。

# 三、我是一切的根源

## 1. 一颗受伤的心



每一个人在成长的旅途上，都会受到很多次的伤害，这是成长的代价。

在过往的路中，有多少事情使自己感受到了无助，让自己丧失了信心；有多少事情令自己受到了心灵的伤害。当时的情景是怎样的，是什么人，又是什么样的事情，令自己受到这样的伤害。本以为自己已经忘记，但当夜幕来临，一个人看着天花板时，那一幕又会时不时在脑海中浮现。

在过往的路上，每一次伤害的感觉都是痛苦的，所以我们常常选择忘记它，选择把它深埋起来，埋藏到自己意识的最深处。原本以为这样的处置会真的忘却它，但当夜深人静的时候，这种不舒服的记忆总会悄悄爬上心头，让痛苦的感觉在我的生命里再次重现，它深深地制约和影响着我对人、对事的情绪。

在过往的路上，有很多次的瞬间，我们就受到了伤害。我们在努力达成自己目标与成果的过程中，我们付出了很多的心血，但事与愿违，事情并不都是按照我们的意愿在进行着，忽然间这个时候，我们感受到了一种想要哭泣的伤害。

在过往的路上，太多有意无意的事情，让我们受到了伤害，比如委屈，虽然过去很久很久了，但只要一想起，就会让我们变得不再高兴，不再开心了。有多少这样时而会影响我们情绪的伤害在我们心底潜伏着，让我们多了一丝犹豫，多了一些顾虑，我们从来都没有去认真思考过、认真去对待过，因为我们已经习惯了这样的节奏。

但我从来就没有认真反思过，为什么我会受到这些伤害，我也从来不会去认真想过怎样在伤害面前更好的站起来。因为我习惯接纳了伤害。伤害我的是别人，我没有责任，我只是一个受害者，是我受到了委屈和伤害。

我在每一次受到伤害的时候都告诉我自己，我是一个受害者。但我并没有因为这种承认而变得愉快起来，没有因为承认而让生活好起来。当我把自己当成一个受害者的时候，我会发现我的内心是软弱的，身体是无助的，外在表现是无能为力的。当我不断地增强这些负面思维的时候，我就越来越软弱，越来越无助，越来越无能为力。

但我依旧没有认真思考过如何能够变得更好，我只是知道让我受到伤害的这件事，一直影响我到现在，我一直在告诉自己，让我受到伤害的人应该为此负责。可我却从来没有仔细的问过我自己，他负责了又怎么样呢？能够改变我不受这次伤害吗？

现在让别人来演出我的剧本，荧幕上又出现那件让我受伤害的事情，看到别人在演绎的时候，我就会发现其实只要我做一些简单的事就可以改变它。现在静下心来回想，很多让自己受伤害的事情本身是很简单的，只是因为当时自己什么也没有做，因为我认为这些事情和我是无关的，我不应该来负责，谁会料到这件事情的结果真的是搞砸了呢。

我是无辜的，但我却因此感受到了伤害，所以我很委屈，很伤心，很难过，并开始戒备和脆弱。可能就是从那件事开始的，我学会了抱怨和发牢骚，学会了指责别人，因为我是一个受害者啊，我没有冤枉别人啊，从此我开始习惯做这样的受害者。

现在再回头看看，抱怨、埋怨、牢骚，得到的只是流眼泪，失去的却太多了，失去了很多朋友、很多友情、很多时间、很多机会。现在忽然发现，当我沉浸在一个受害者的日子里而失去的，都是些美好的东西，都是令人羡慕的东西。

从习惯做一名受害者开始，我的雄心壮志不见了，我的职场规划缩水了，那些职场上优秀的人，也开始慢慢离开我了。让我更加不安和深深自责的是，我发现，当我在扮演一个受害者的时候，除了我自己在付出代价，我身边的人也陪着我在付出代价。这让我真的开始变得孤独和无助起来。

说到受伤害，大汉朝的使者苏武受到的伤害都已载入史册，他被匈奴幽禁在大窖中，饥渴难忍，苏武就吃雪和旃毛也绝不投降。匈奴单于又把他发配到人迹罕至的北海，苏武不为所动，把它当成忠诚的考验，依旧手持汉朝符节，牧羊为生，留气节于千古。

春秋时期的越王勾践战败后，在吴国给吴王当了三年的奴仆，他也没有把这种伤害浸润到自己的骨子里，让自己从此没有了尊严，而是刻在了脑海里，变成卧薪尝胆的励志。

原来伤害也能成为激励的源泉，变为崛起的动力。原来伤害都是由心态决定的。

其实我也可以这样，我完全可以让自己过得更好一些。我发现，当我开始忘记抱怨、忘记牢骚、忘记指责别人时，愉悦的心情就开始涌动，那久违的美好景致也开始浮现。

其实我只要从一些事情中吸取教训，思想我该承担什么责任，我又学到了什么，我还有哪些地方可以做得更好等等角度去看待生命中那些不顺利的经历，世界就完全变了。

原来，人所有的伤害是自己给自己造成的，伤害是从我心这个地方来的，外伤只能伤害到身体，内在的伤害都是自己造成的。

原来，受伤的感觉并不真实，它是因为我内心不够强大，过于敏感而导致，是我太在乎别人的言语和行为的一个结果，受不受伤是一种我自愿不自愿的结果。

原来，让我受伤的根源在我自己这里。

## 2. 是什么不能让我进入别人的故事

当我听不见别人的倾诉时，往往不是耳朵出现了问题，而是心理出现了问题。

我可能开始变得自私了。因为只有自私的人才会只关心自己，而不关心他人。我把时间和心思都放在了与自己密切相关的人和事情上，与这些没有关系的，我没有心情和耐心去关注。我只在乎我现在过得好不好，因为我不专注我自己，我会生活的一团糟。

也可能就是因为我现在不太如意，我才开始自私的，我只想扫我的门前雪，至于他人的瓦上霜与我无关，只要不关我的事，一切我都听不进去。

我也可能开始变得麻木了。即使别人的事情我听见了，也不会在我心里有什么反应，不是听多了，而是不愿去听进去，听进去又怎么样呢？我只想一天到晚就这样慢慢过去，不要有什么事情发生，平平淡淡的生活不也挺好的吗？

这可不是浑浑噩噩，每天日出而作，日落而息不是很多人的日子吗？干什么要关心别人的破事，能把自己的小日子打理好，就很不错了。

我还可能开始变得无情了。过往那么多的不愉快和伤害，我干什么不长记性，关心别人有什么好处？还不是一样的不咸不淡。别人也关心他吗？既然大家都是这样，凭什么要求我去听别人的故事呢？听进去也与我无关，也不关我事。

他人生活的好和坏和我有什么关系？他人的故事有什么好听的！都是一些陈年谷子万年糠的鸡毛蒜皮的事，还不够让我烦的呢。

或许就是心里太多牵挂让我无法集中我的注意力，内心的烦乱已让我失去了方寸，我只顾着自己内心的这点事了，而静不下来心来去听别人所讲的故事。我总是不能做好统筹，总是不能把繁多的事情规划好，总是让事情挤作一团，以至于我得每时每刻都在思考解决这些事情的头绪，总是这样无头绪的忙碌。

也或许是我心里的想法太多了，一会儿一个的想法让我很焦虑，我的思想总也不能集中，听到什么都会产生联想，我总会把听到的只言片语和我的经历、我的想法联系起来，然后进入到一个海阔天空的世界。我总是不能安安静静地潜下心来，让自己彻底的放松，似乎我安静了，世界就没有了。

当我没有兴致去听他人故事的时候，这一刻，我开始孤独。

听不见别人说话，就会失去朋友。春秋时期，卫灵公向孔子请教军事问题。孔子乐于回答，但就在二人谈话间，卫灵公听见头上有雁叫声，就仰视天空巡看，心不在焉。孔子很失望，第二天，孔子就离开了卫国。

上文提到的魏惠王不也是因为心不在焉而失去人心的吗？

内心的想法太杂乱，太纠结，就会心不在焉；心里装的事情太多，太琐碎，也会使自己心不在焉；而心不在焉就是示人不尊重，你不尊重别人，别人又如何要尊重你呢。

而无情的人让人觉得冷酷，心生抵御，渐渐疏远；麻木者更是缺少可以撞出火花的热情而让人逃离；自私自利是人际关系交流间最大的行为杀手，力是相互作用的，一方给力一方只想受力，久了，就没有人再会给力了。只索取而不知回馈者最终都是孤独的。

独处无友则孤陋寡闻，则止步职场。

这绝不是我要的选择，我要培养我关心他人的习惯，让这个习惯不带上一点功利；我还要让自己的身体充满热情，让他们都能感受到我四射的力量；我要舍得分享自己的成果，帮助别人成功就是帮助自己成功；我还要主动承担责任，为别人负责也是为自己负责。

当这些都做到时，我发现我开始新的生命。这个生命是快乐的、饱满的。

原来，我与他人隔绝的根源在我自己这里。

## 3. 茫茫人海中的相遇

人海中的相遇是因为有一根红线牵引，这根红线就是缘分。

每当踏上旅途，就觉得人真多，可就是在这么多的人里面，我和你相遇了，由这一次的相遇我们成为了相识相知的朋友，这是多么小的一个概率啊。俗话说：缘由上天定，分要靠人为。正是从那一时开始，我们都在呵护这个缘分，又因为这样的呵护，才使得我们成为最好的朋友和最亲密的爱人。

天缘无需刻意安排，人海中的目光交融便能产生心灵的相通，就像一杯清水，你表面上是不经意地端起喝下去了，其实，生命中你必须会有这杯水的，或许你可以说没有这杯水我的命运也是如此，可是幸运的是，你还没有说完这句话，这杯水已经被你喝下，也就因为这一个小小的举动，让我情不自禁的幸福起来。这是怎样浪漫的美好记忆啊。

但似乎我们之间的缘分，就像老天爷手中的桥牌，让我们短暂的相遇，就要离散，此时此刻的眼前，我怎么就找不到你了呢，怎么就把你丢了呢。

我这样安慰我自己，世界上有太多太多的缘分，但总有一些缘分是走不到最后的。它们会随时分开，就像你我现在，无论我怎样努力，也无法将你留下，无法把缘分挽回。留给我的除了曾经的孤单，还有就是脑海中那渐渐虚幻的美妙的回忆。

我总有分开的理由，说得最多的就是缘分尽了。没有缘分的人，不可能再在一起，永远只是当初相遇时的一段台词，再相守，只会给对方造成伤害。

如此，我才会自信满满的重新开始，等待下一个缘分的光临，有了这样光鲜的安慰和理由，就算所有的朋友都离开我，我也不在乎，因为不是我的意愿而是缘分到了尽头。我会不断地叮咛我自己：等到下一个缘分出现时，我一定会好好珍惜这份来之不易的友谊。这句话曾经许诺过，我竟然没有想好下一次的下一次会不会还这么说。真有下一次吗？

如果亲密，就不要轻易别离，这是南宋陆游后六十年无尽的心声感慨。

陆游和唐婉是表兄妹，唐婉自幼文静灵秀，才华横溢，陆家以一支精美的家传凤钗作信物，与唐家订亲。陆游20岁时，与唐婉缘到成婚。

不料唐婉与陆游的亲密感情，使陆母不满，认为唐婉把儿子的前程耽误殆尽，遂命陆游休了唐婉。封建年代，陆游唯有遵从母命，把唐婉送归娘家。但陆游与唐婉难舍难分，不忍就此一去，另筑别院鸳梦重续，无奈精明的陆母很快察觉了此事。严命陆游另娶一位王氏女为妻。彻底切断了陆、唐之间的悠悠情丝。

唐婉而后由家人作主嫁给了同郡士人赵士程。

陆游参加礼部会试失利后，回到家乡，见到家乡风景依旧，人面已新。陆游不由得睹物思人，心中倍感凄凉。为了排遣愁绪，只身来到沈园游玩，不想却偶遇朝思暮想的唐婉。

这是一个繁花竞妍的春日晌午，在园林深处的幽径上与之迎面相逢，四目相对，千般心事、万般情怀。这一刻，瞬间让陆游久埋内心深处的旧日情怀喷涌而出。但毕竟此时唐婉已嫁人妇，此刻又是随夫同来，唐婉闪离回眸，陆游恍若坠入梦境。

和风袭来，吹醒了沉于梦幻的陆游，他不由循着唐婉的身影追寻而去，来到池塘边柳丛下，遥见唐琬与赵士程正在池中水榭上进食。隐隐看见唐婉低首蹙眉，伸出玉手红袖，与夫浅斟慢饮。这一似曾相识的场景，看得陆游的心都碎了。感慨万端的他提笔在粉壁上题了一首《钗头凤》："红酥手，黄縢酒，满城春色宫墙柳。东风恶，欢情薄，一怀愁绪，几年离索。错！错！错！春如旧，人空瘦，泪痕红浥鲛绡透。桃花落，闲池阁，山盟虽在，锦书难托。莫！莫！莫！"

第二年春天，唐婉再到沈园，徘徊在曲径回廊之间，忽然瞥见陆游的题词。反复吟诵，不由得泪流满面，心潮起伏，不知不觉中和了一阕《钗头凤》："世情薄，人情恶，雨送黄昏花易落。晓风干，泪痕残。欲笺心事，独语斜阑。难！难！难！人成各，今非昨，病魂常似秋千索。角声寒，夜阑珊。怕人寻问，咽泪装欢。瞒！瞒！瞒！"

缘尽的风雨，吹灭了唐婉的哀愁，赵士程虽重新给了她抚慰，但她与陆游那份刻骨铭心的情缘始终留在她情感世界的最深处。自从看到了陆游的题词，她的心就再难平静。追忆似水的往昔，叹惜无奈的世事，感情的烈火煎熬着她，使她日臻憔悴，悒郁成疾，在秋意萧瑟的时节化作一片落叶随风悄悄逝去。

陆游闻知唐婉凋零，悲痛欲绝，心灵遭受深深的创伤，终生难以释怀，从此沈园成了他凭吊唐婉的梦魂萦绕之地。自此后六十余年当中，陆游为怀念唐婉，追忆沈园之邂逅，留下了十多篇诗文，篇篇感人至深。“伤心桥下春波绿，曾是惊鸿照影来。”“梦断香消四十年，沈园柳老不吹绵。”

陆游与唐婉这凄然而又令人慕然的爱情，成为了爱情的千古绝唱。

是不是只有分离之后，才感慨相守的珍贵？是不是只有陷入思念，才知道自己当年投入的还不够多？如果真的对这个缘分投入了百分之百的感情，心里又怎么会有兴致期待下一个缘分的邂逅。丢失的人不容易找回来，无论怎样的惆怅和哀伤。

也许是因为熟悉，让我们之间少了当年的尊敬，也许是靠的太近，使我们没有了相互的敬重，也许是相隔太远，寂寥的相思不够填补这之间的间隙。总之，是我给了我太多好听的理由和安慰，让我投入的还不够，不够珍惜缘。

原来，我和你分离的根源在我自己这里

## 4. 自卑者的话

职场上有很多的脸孔，有很多的表情，但不能选择自卑这个表情。

自卑的人，用消极的心态看待职场问题，凡事总是往坏处想；自卑的人，经常自怨自艾与自责，总是意志消沉没有希望；自卑的人，对人和事表现的多疑和敏感，戒备别人对自己的关注。自卑的人，甚至连自己都会讨厌，而心里又渴望别人的认同；自卑的人，不愿意改变环境，不愿意去尝试新鲜事物；自卑的人，拒绝劝阻并觉得这些人是自以为是。

自卑的表情和心态，是职场上一种严重的缺陷。

他们会经常这样讲：这个世界太不公平了；为什么总是别人在得到机会，而不是我；我不想看到你的炫耀，这和我没有关系；我不想听你的劝导，外面的一切都是死气沉沉的；我不喜欢；人情很冷淡啊；我不想见任何人；你不要虚假地关心我；你们都是一群有目的的人；你想要利用我的脆弱、我的软弱、我的不安吗？不要靠近我；不要看着我；我的身体真的很冷；不要你来假情假意地安慰我；我不需要你的怜悯；我很不快乐；我不要你和我说话；我不要你理睬我；我受够了……

自卑的人，就是一个人默默地走，孤独地走，无助地走，走在阴冷的街上，看不见一张笑脸。恍若四周都是荒漠、沙丘。没有光明，只有黑暗，感觉到疲劳，就像在没有岸的水中挣扎，漫无目的地走着。只看见脚下这一块土地。

汉武帝时期的大臣主父偃，出身贫寒，早年深习纵横之术，饱学多才，游历多个诸侯王国，都一直被排挤，没有受到礼遇和任用，渐渐形成了他自卑的性格特质。

穷困潦倒的他直接给汉武帝上书，不想朝呈暮见，得到了汉武帝的赏识，大有相见恨晚之感。一年中被破格升迁四次。主父偃的才华得以施展，提出过在今天看来依旧有警示作用的名言：国大兵强不黩武，天下太平不忘战。他还建议汉武帝推行推恩令，这使得汉朝江山政权十分稳固。但主父偃的性格缺陷也在此时充分显现。

除了相见恨晚，主父偃还和倒行逆施紧紧捆绑在一起。他掌权后，打击异己不择手段，极为残酷。有人劝他说："你太横了。"

主父偃如此回答："我从结发游学以来，已有四十多年了，都不得志啊，自己做什么都不成功，父母不认我这个儿子，兄弟们不接纳我，连宾客都抛弃我。我受的气实在是太多了，处境艰难的日子也实在是太长了。而我日暮途远，所以我只能倒行逆施了。"

有一次，主父偃到了齐国把他的兄弟、玩伴、宾客和故交等统统找来，对他们说："当年你们都看不起我，现在我升官了，你们却跑到千里之外来接我，这样吧，我们也有过一点儿交情，我也不会一点表示也没有。"说完，他拿出来五百两黄金往地下一洒，说："你们捡吧，从此以后我们断交。"这就是散金断交的故事。

他借权势疯狂敛财，终于引起公愤，被汉武帝处死。主父偃死前有数千宾客，但他死后没有人来为他收尸，只有布衣孔车一人埋葬了他。司马迁在《史记》中也唏嘘写到：主父偃当路，诸公皆誉之，及名败身诛，士争言其恶。悲夫！

主父偃的悲剧在呼喊：自卑的人如果不去猛醒，将无可救药。

但我必须知道：原来，我自卑的根源在我自己这里。

## 5. 冷漠者总是很冷酷

职场上有很多的脸孔,有很多的表情,但不能选择冷漠这个表情。

冷漠的人,用冷眼看待身边的人和事,任何事情都不会在他的表情当中反应出来。一切都是正常的,不管发生多大的事情都和他无关,他就是这样反应迟钝,就是这样无动于衷。他的世界是孤僻的,没有人情冷暖,没有悲欢离合,只有淡漠固守那死灰式的心结。一张面无表情的脸,只有麻木而看不出忧愁和喜悦。独处着做自己的行者,冷酷到底,任人说教也不想融进也融不进去他人的世界。一切都在漠不关心中慢慢流逝着。

冷漠的表情和心态,是职场上一种严重的缺陷。

他们嘴上很少话语,但在心里常常这样说:这有什么啊;有什么大惊小怪的,这关我什么事?我为什么要为他负责?和我没有关系;我懒得理睬这种事;不要对我下命令;我自己的事情与你无关;我会做好自己的事的,不要你操心;他们好不好和我有关系吗?别假惺惺的装好人;他们这样都是自找的;不要烦我;我的事情还不知道要找谁帮忙呢;早干什么去了;出了事才想起来找我?哼,活该!

不管是不是在刻意伪装自己,冷漠外表下的那颗心脏应该是有热度的,那就从这里向外延展,带动整个身躯热起来。因为继续冷漠,可以明确的说,自己职场的路将越走越窄,陪伴的朋友也会越来越少,冷漠不仅冷在你的表情上,还会冷到你天使的心上,冷到一双双关注你的目光上。人非草木,孰能无情!

西楚霸王项羽虽说是个大英雄,堪称中国史上最强的武将,但他又是一个性格冷漠的人。纵然"羽之神勇,千古无二",但结局之惨却和他的冷漠不无关系。项羽一生除了鸿门宴和霸王别姬,几乎都是破釜沉舟式的战力故事,再就是冷酷的屠杀。

起义之初,项梁带着项羽去见同是举义的郡守殷通,项羽竟持剑杀死殷通,割下首级,见有不服,又斩杀近百人。直到整个郡府上下都吓得趴在地上,再没有一个人敢站起来为止。在血腥中项羽洋洋得意。

之后没多久，项羽率军攻下城阳城，之后就是屠之。《史记》中记载项羽征伐过程中对所略城池“屠之”有十余处。当反秦联军计划西征时，众推刘邦为帅，理由是为人宽厚。项羽因叔父项梁之死，积极要求随军西征。却遭到诸将反对，理由是“所过皆残灭”。后来楚怀王命宋义为上将军，项羽为次将，率兵救赵。项羽却将宋义斩杀。他大开杀戒，冲锋陷阵异常勇猛，敌我之军无不惊骇。大破秦军后，项羽在辕门召见诸侯将领，诸将无不跪着前来，不敢仰视项羽。在血泊中项羽得到慰藉，却失去了诸将之心。

坑杀秦降卒二十余万后，强大的项羽引军入咸阳，又是屠戮，并杀了秦王子婴，火烧秦宫，三月不灭。当听到有人说沐猴而冠时，项羽大怒，就把此人扔进锅里煮死了。

而此刻的刘邦却在约法三章，笼络民心。

终于，因项羽在封侯之后，将义帝杀死。刘邦起兵讨伐，四年楚汉战争拉开帷幕，从战争之初大局就有端倪，项羽得范增不用，得陈平不用，得韩信不用；而刘邦却在陈平的谋略下一帆风顺，节节胜利。刘邦还使韩信乌鸡成凤凰，最终在韩信、彭越、英布、叛将周殷合成的五路大军、七十万之众进攻下，项羽自刎于垓下。

项羽的结局，并不是项羽最后仰天长啸所说的“天亡我，非用兵之罪也”，而是项羽冷漠的性格早早注定的。

原来，我冷漠的根源在我自己这里。

## 6. 高傲让自己陷入孤独

职场上有很多的脸孔，有很多的表情，但不能选择高傲这个表情。

高傲的人，往往目空一切，自认为是独醒的那位，所以说话常常盛气凌人，语不惊人死不休的态度，其实是刁钻尖刻；高傲者，总想通过一番讲话，就可以让人俯首帖耳，惟命是从，一副恩典你的姿态；高傲的人，优越感极强，总是当仁不让的举止，对人颐指气使；高傲就是自命不凡，自然高人一等，不与眼中的平庸为伍；高傲来自小小的成就和并不高的眼界，真是看得多的人都不会是高傲的人，因为他们知道天外有天。

高傲的表情和心态，是职场上一种严重的缺陷。

高傲的人总会不失时机地讲：你们懂什么；这些你们怎么能够看得懂？不要问那么多，直接做就完了；跟你说了，你也听不懂；我做这事时，你还在爬呢；听我说，你们应该这样这样；你那点东西都不够我塞牙缝的；不要你瞎指挥；这点小事算什么；我真看不上你；离我远点；闭嘴；这点事都做不好，你是干什么吃的；我没有说过吗，为什么不听；谁让你这样做了；你可以走了；我就瞧不起你；说我傲，哼，就傲，怎么啦！

上天让你亡，必先让你狂。不管你有没有真的让自己自视清高的资本。给他人尊重，给别人礼遇，都是让自己更加得道的方式，所谓得道多助。五湖四海，天下能人很多，哪一块云彩下雨，不是用眼睛能看出来的，傲慢就让自己戴上了短视的眼镜。

忠义的关羽也是一个高傲的人。当初战败被困在小山包上，曹操惜才，派张辽前来与关羽谈判，关羽傲劲十足，说只降汉，不降曹。

待到刘备入川，蜀汉初定时，刘备自称汉中王，授命五虎上将，关羽、张飞、赵云、马超、黄忠在列；当时关羽镇守荆州不在成都，刘备派费诗去关羽驻地授将印，关羽闻知黄忠和自己的地位一样，立马翻脸，傲气十足，愤怒地说："张飞我弟弟，可以，赵云也和我们称兄道弟，也可以，马超勇力过人且忠义且是马腾之后，也可以。可这个黄忠算什么？大丈夫绝不和老兵同列！"不肯接受任命。若非费诗巧言，关羽的高傲，已破坏了内部团结。

诸葛亮隆中对的核心是连吴拒曹，关羽据守的荆州是实现隆中对战略的要地。一日，诸葛瑾受东吴孙权委托来访关羽，为孙权儿子向关羽之女提婚，没想到，关羽勃然大怒，起身提刀喝道："吾虎女安肯嫁犬子乎!不看汝弟诸葛亮的面子，我现在就把你斩了！"吰，吓得诸葛瑾抱头鼠窜而去。关羽因而和东吴结下了仇怨，并最终死在东吴将领手下。

关羽之死，不是个人性命的小问题，而是隆中对的大战略就此打住，再没有实现的可能了，另外，他的两个结拜兄弟刘备和张飞，也因为关羽的高傲死去，报仇心切，先后跟随而去，蜀汉实力骤减，自此衰败不起，成为三国最先灭亡的国家。

1941 年皖南事变后，毛泽东也曾谈到过关羽。他说：关羽这个人虽然斩华雄，诛颜良、文丑，过五关斩六将，擒庞德，水淹七军，威震华夏，但归根到底还是孤傲自大。

孤傲自大者，常常有自大的硬实力，只要转换心态和表情，就是一个完美的人。

原来，我高傲的根源在我自己这里。

## 7. 快乐总能催化氛围

职场上有很多的脸孔,有很多的表情,如果选择,就要选择快乐这个表情。

快乐的人,在自己快乐的时候,也总能带给大家快乐,和他在一起总是有欢声笑语,总是充满阳光和好心情。快乐的人,脸上始终洋溢着美好的笑容,传递着美好的期许,把岁月的时针停留在幸福上。快乐的人,带来温暖,扫走阴霾,使人振奋。快乐的人让人向善、向上又向美,总有一股正能量在支撑生命。快乐的人不会哀怨命运不公,只会问询自己有什么没有做好。快乐的人充满自信,没有长吁短叹的烦恼,令人耳目一新。快乐的人相信好运气是快乐带来的,在快乐中完成自己的职场使命,快乐的人永远不缺少真诚的朋友。

快乐的表情和心态,是职场上唯一的表情选项。

因为快乐的人总是在说:没事,一起来,方法总比问题多;要为成功找方法,不为失败找理由;有什么事情需要我吗?我来帮你;不问别人给了我什么,我只问我能带给别人什么;有我在,放心吧,没有什么不可以解决;只要努力,什么都会好起来;要想明天很美好,就要在今天多付出;每天都是新的一天;再快一点,前面就是目的地了;如果感到累,就让我来分担你的背囊吧;看,那里真漂亮啊;你是最美的;祝你成功,加油!

快乐表情的感染指数是最高的,能够很快就把身边的氛围带动起来了,就能让环境充满正能量,在快乐的带动下,很多的问题都消失了,所有烦恼都不见了,一切都变了,变得阳光明媚,芳草满园,空气新鲜,天空湛蓝。变得如此美好,只有好心情才会有好福气。

隋唐英雄中的第一福将就是程咬金。他就是一个能传递快乐的将军。

在关于隋唐的影视戏曲中,程咬金一直是一个重要而可爱的角色。是公认的福将,他这个福将运是由他快乐的天性带来的。程咬金是一名性格开朗直爽、粗中有细的家伙。因为快乐所以特别长寿,活了一百多岁,武则天政权垮台时他还活着。

他一生的福大命大,都和朋友两肋插刀有关,这两肋插刀的典故也与他有关。说的是他因为抢劫了靠山王杨林的皇纲，杨林令山东官员限期破案，山东地方官员只好请出程咬金的表哥秦琼，秦琼左右为难，上演了一出染面涂须诈登州的好戏，到后来秦琼三挡杨林、九战隋朝名将魏文通。这其中，秦琼策马去登州，途经两雷庄岔道，一条去登州，等于送死，一条去程咬金躲避之处，等于出卖兄弟，这被后人引为两肋(雷)插刀(岔道)的典故。

程咬金初出道时只是一个因贩卖私盐被查，打死捕快的凶手，居然没有被判斩刑，甚至连坐牢都会遇到昏庸的隋炀帝大赦天下的运气。

就这样一个文不能提笔，武艺只会三板斧的程咬金，不仅一路顺风顺水，还让和他并肩作战的人各个吉星高照，真可见性格决定一个人的命运。他在瓦岗，瓦岗军就旗开得胜，他不当瓦岗那个混世魔王皇帝了，瓦岗土崩瓦解，他去了王世充那里，王世充就势如破竹，他看不上王世充的虚伪而转投李世民，则李世民逢凶化吉，最后做了伟大的唐太宗。

程咬金也功成名就，位列唐太宗凌烟阁二十四功臣第十九位，被封为卢国公。

只要保持快乐，魅力就不会缩减，好运气就会扑面而来。

原来，我快乐的根源在我自己这里。

# 8. 如何穿上了盔甲

闭上眼睛，搭上时光列车，进入时空隧道，让我们回到自己纯真的童年。

让时间回到我们的童年，回到儿时记忆中的那条两旁种着一排排绿化树的街道，那个洒落着同伴欢声笑语的院落，那条至今还回荡着妈妈召唤声的通向家里的小巷。不知不觉我们来到了我们童年住过的那个房间的门前，用手轻轻的把这扇门推开，进到现在还能感受我们那朦胧气息的小房间。看看这房间的一切是不是还和当年的一模一样？我们睡过的床，那床上温暖过我的小被子，枕边的小玩具，书桌上放着的小书本、小铅笔，还有曾经背过的小书包，这时，妈妈爸爸来了，来接送我们去幼儿园了，来带我们去和我们小伙伴们聚合。

还是那个让我们产生很多好奇的幼儿园，还是那些老师，还有那些小朋友，每一天都好开心啊，每天来的时候不想离开家，每天走的时候不想离开幼儿园，不管是在家里，还是在幼儿园都是我们流连的地方，留恋开心的时光，留恋单纯的童年。

可是有一天，因为贪玩，爸爸打了我，我哭着看爸爸那生气的脸，好像不认识他了；可是有一天，因为不听话，妈妈吼了我，我撅着嘴看着妈妈，不相信她是妈妈了；可是有一天，因为淘气，幼儿园的老师罚我站着不让我说话，我疑惑着看着老师，心里在想着我要找妈妈爸爸；可是有一天，和我玩的最好的小朋友推倒了我，我看着他，心里在想着怎么办。

一天天过去了，我就是这样在思想中长大的，从那时起，我有了独立的思考，我慢慢地穿上了保护我的盔甲。到小学，到中学，再到大学，我来到了职场的大门前，我是带着盔甲走进这扇大门的。

每个人的成长和经历都差不多，都是穿着盔甲长大的，只是有的人在长大以后，知道了自己身上盔甲的存在，一些人一直不知不觉。

盔甲让人沉重，让人放不开手脚；盔甲让人压抑，让人瞻前顾后，顾虑重重。

要想在职场上出人头地，登上巅峰，就要脱去这些束缚我们的盔甲，就要为自己背上的压力减负，只有敞开心胸，才能大干一场。

秦始皇无疑是中国最伟大的人物之一，他所以能量爆发，一统天下，和他勇敢地脱掉身上沉重的盔甲息息相关。他身上背负的盔甲比很多人都要多。

少年嬴政，从出生开始就被质押在赵国，生活没有自由，只有时时刻刻性命的担忧。此刻他是吕不韦私生子的传闻已是路人皆知，他不满 12 岁的身躯一直在痛苦地背负着这些盔甲；13 岁他被接回秦国继承了王位，但实权却在他不得不叫仲父的吕不韦的手里，他只是一个傀儡，这种又厚又重的盔甲一穿就是十余年；这中间居然还有一个假宦官嫪毐与母后私通生下两个弟弟的丑闻在肆虐他的神经，这个盔甲也得穿上。

但是秦王知道，要想有所作为就必须要先脱掉身上的这些盔甲。

这一年，21 岁的嬴政在雍城蕲年宫举行冠礼，嫪毐借机发动叛乱，秦王被迫开始脱去这身盔甲。他以绝对的铁腕和智慧，迅速铲灭了叛乱，车裂了嫪毐，幽禁了母后，摔死了嫪毐与母后所生的两个私生子，罢免了吕不韦，逼其饮毒酒自杀。

于是，一个新的秦王诞生了，又过了 18 年，轻装上阵的嬴政大展宏图，纵横捭阖，一扫六合，天下归一，39 岁时登基，成为奠定中国基本版图的千古一帝秦始皇。

原来，让我穿上厚厚盔甲的根源在我这里，能不能脱掉盔甲的根源也在我这里。

## 9. 展现只有一次的生命

每个人的生命只有一次，我们也只能来一次职场，如果这次不在这个美妙的职场上展现自己富有价值的生命，没有下一次机会。

快乐的活着是一辈子，痛苦的活着也是一辈子，为什么不快乐呢？赞叹是一辈子，哀怨也是一辈子，为什么要哀怨呢？勤奋中品尝充实是一生，消极下承受空虚也是一生，为什么不选择勤奋中的充实呢？快乐，让每一天都显得很有意义，期待每一天，祝福每一天，憧憬每一天；赞叹，使得身边的氛围充满了力量，友爱挂在脸上，支持挂在脸上，幸福也挂在了脸上；勤奋中品尝充实，开窗空气新鲜，走路朝气蓬勃，交友热情洋溢，做事豪气万丈。

选择决定了结果，决定了生活的不同质量和人生感受的不同，选择了美好，到处都是美不胜收的风景，选择悲观，无处不是凶险的陷阱。

人在职场，就要追求职场成功，追求巅峰荣耀，在职场上的人，就应该把自己的职场梦做得再高一些，虽然开始时可能就是一个虚幻的梦境，但只要不停下来，不断地做，不要中断，不要轻易放弃，梦境就会慢慢变成梦想，而梦想也会在你的坚持中慢慢成真。

心存希望，幸福就会降临你；心存梦想，机遇就会笼罩你。生在盛世，大好时光就要收获大好前程，做好职场规划，绝不虚度只有这一次的属于我们的生命。

中国最伟大的史学家、文学家和思想家司马迁的一生就值得我们敬仰。

官宦子弟司马迁，从小衣食无忧，受到良好的教育。20 岁那年，他从长安出发，足迹遍及江淮和中原地区，除了开阔眼界之外，他还在所到之处考察风俗和采集传说。36 岁时，父亲在陪同汉武帝入泰山封禅的途中病危，司马迁闻讯赶来，父亲临终嘱咐司马迁继孔子而续《春秋》。司马迁俯首流涕，对父亲发誓说："我虽不聪敏，但我会把您已记录编排过的有关过去的传闻，完整地书写出来，绝不敢有一丝缺漏。"

立德、立言、立功，父亲遗嘱成为司马迁职场的目标和生命的动力。

父亲去世，他守孝三年，之后承袭父职，从这之后，司马迁除了正常的职务职责之外就是潜心修史，专心翻看父亲遗稿。42 岁的司马迁正式开始了《史记》的写作。

就在写作开始得心应手时，这一年，苏武出使匈奴被扣，武帝决定发兵讨伐匈奴。派贰师将军李广利出征，又命李广的孙子李陵押运粮草，李陵不肯，自告奋勇要自领一队直捣匈奴单于王庭。结果李陵战败被匈奴俘虏后投降。

消息传到长安，大臣们在朝堂上都谴责李陵不该贪生怕死，向匈奴投降。这时，汉武帝转身问太史令司马迁，想听听他的意见。

司马迁说："李陵带去的步兵不满五千，却是深入敌人的腹地，打击了几万的敌人。虽然打了败仗，可是杀了这么多敌人，也可以向天下人交代了。李陵不肯马上去死，准有他的主意。他一定是还想将功赎罪来报答陛下。"

汉武帝听了，认为这是在为李陵辩护，而有意贬低他宠妃李夫人的哥哥李广利，遂勃然大怒，便把司马迁下了监狱，交给廷尉处理。司马迁受到各种肉体和精神上的残酷折磨。但面对酷吏，他始终不屈服，也不认罪。

不久，又有传闻说李陵在帮匈奴练兵，汉武帝信以为真，便灭了李陵的三族。司马迁也因此事被判死刑，当时要免死的话，可自请宫刑。宫刑是个奇耻大辱，污及先人，见笑亲友。但司马迁为了完成《史记》的写作，忍辱苟活，自请宫刑。

后来司马迁在《报任少卿书》中提及此事："虽累百世，垢弥甚耳，是以肠一日而九回，居则忽忽若有所亡，出则不知其所往，每念斯耻，汗未尝不发背沾衣也。"在狱中，又备受凌辱，"交手足，受木索，暴肌肤，受榜棰，幽于圜墙之中，当此之时，见狱吏则头抢地，视徒隶则心惕息"，几乎断送了性命。

时至 49 岁，司马迁被赦出狱，55 岁时，完成恢宏《史记》。全书 130 篇，五十二万六千五百余字，包括 12 本纪、30 世家、70 列传、10 表、8 书，被鲁迅誉为"史家之绝唱，无韵之离骚"，为"二十五史"之首，再无出其右者，后来的《资治通鉴》等都是政府资助下的集体创作，和《史记》不可同日而语。第二年，司马迁去世，被后世尊为太史公。

为梦想屈辱受宫刑，随圆梦而逝。司马迁的生命载入史册。今天再读"仓廪实而知礼节，衣食足而知荣辱"感念更多。在宫刑后，他可以心灰意冷，可以放弃职场追求，因为在历史的车轮下，因受此刑而消沉的大有人在，反未见一个屹立不倒还孜孜以求实现诺言的，但就这一个层面来讲，司马迁也是第一人，也是一个伟大的人，不朽的生命。

原来，让我固步自封的根源在我这里，让我展翅高飞的根源也在我这里。

## 10. 红黑游戏中的思考

一个关于人生与职场态度的游戏，一轮关于价值观与方法论的思考。

我们的生活中充斥着太多次的红黑游戏的场景了，甚至每天都可见剧情，每时都在上演如何选择的画面。现在真是到了总结的时候了，好好思量一下，在这之前，我们究竟出了多少张的红牌，都是对谁出的，为什么出的，出之后结果是怎样的，我赢了吗？

让我们一起慢慢回首，在我们过往的生命历程中，有没有这样一个人，他也许就是我们的父母，也许就是我们的兄弟姐妹，也许就是我们多年的老友，也许就是同学、同事，就是我们曾经有过交集的那个人。还也许他就是我们曾经的爱人……

我们和他曾经有过一段美好的记忆，有着很要好的日子，有过一段多么美好的时光，我们在一起玩乐、在一起读书、在一起看书笑过、在一起看电影哭过、在一起品尝着彼此给予而带来的亲情、友情和爱情。回首时空气中都开始弥散着甘甜的味道……

但是突然有一天，我们两个人，就因为一点点现在已经记不起来的小事情吵了起来，斗了起来，相互都不让着对方，我们两个人不断的给对方出起了红牌。想想似乎就是为了证明我是对的，可能他也是这样想的吧，但就因为这件小事，我们从此形同陌路，竟再也没有说过一句话。就这样，一晃已经很多年了，虽然我记得你，记得你的音容笑貌，记得这件小事前的点点滴滴，我记得你。

因为我们的固执、我们的自私、我们的面子、我们的自以为是，到今天我都觉得到失去你而有的缺憾，真是要认真的想想了，在这个过程中，我们都快乐吗？现在这个结果，是我们都想要的吗？为了所谓的证明对与错，我们似乎失去的太多了。

至少我没有赢，因为失去了你，你呢？

东汉末年，各路诸侯中实力最强就是袁绍，即使是官渡之战失败之后，袁绍的实力依然很强大，强大到曹操只能观望，而不敢贸然进犯。

堡垒往往是从内部开始攻破，袁绍病死了，他的两个儿子袁谭和袁尚开始争利，开始相互出红牌。为了继位问题，兄弟二人不顾外敌的虎视眈眈，各不退让而发生火并，最后曹操渔翁得利，发兵攻灭了两败俱伤的袁谭、袁尚，彻底肃清了袁家势力，进而统一北方。

与愚蠢的袁氏兄弟相比，北宋的司马光则可圈可点。

儒家三圣司马光，在孩提时代就有砸缸救人的惊艳表现，长大成人以后他更是以为人温良谦恭、刚正不阿的人格堪称儒学教化下的典范，历来受人景仰。

宋神宗时，当时副宰相王安石想要施行变法，朝廷内外有许多的反对者，司马光就是其中之一，他几度上书反对新法，多个场合与王安石辩论，争的是面红耳赤，不欢而散。

但宋神宗支持王安石变法。司马光上疏请求外任。自此离开了朝廷，深居洛阳。

司马光虽不问朝中政事，但他并没有改变反对变法的心理，这时，一些反对变法的大臣纷纷跑来陈情，要求司马光出面弹劾王安石。在当时，无论个人威望、做人成就，还是从政资历与政绩、人脉关系等，司马光都远远高于王安石，但司马光却一口回绝了这些人的请求而专心致志编纂《资治通鉴》，有人问其缘由，他回答道：我虽反对变法，但不反对一心为公的人，王安石没有私心，且变法是当朝皇上拍板决定了的事，我为什么要弹劾他？不如让他有空间做得更好吧。

王安石闻听，在痛恨司马光之余也不由得由衷地道出："司马君实，君子人也！"。

穿行在职场这块沃野上，不仅不要在团队中出红牌，还要注意在职场外的区域内也要保持黑牌原则，保持良好的心态是职场的加油站。

原来，让我出红牌的根源在我这里，让我出黑牌的根源也在我这里。

# 11. 活着的四个标志

一个人表明自己还活着，有四个标志，缺一不可。

有梦想，有热情，有问题，有行动。

有梦想是职场成功的头牌要素。俗话说：人无头不走，鸟无翅不飞；鸟的翅膀是鸟飞翔的梦想，人的头颅是人上进的梦想。大梦想成就大人物，小梦想造成小人物，没有梦想的就一定会是个废物。职场上，没有一颗心会因为追求梦想而受伤，当我们下定决心要去实现心中梦想时，所有人都会为我们让路。

一个人有钱没钱不一定，但如果这个人没有了梦想，则可以肯定这个人穷定了。

昨天的梦想，可以是今天的希望，并且还可以成为明天的现实。每个人的生命都是一只小船，梦想是小船的风帆。

刘邦是见到秦始皇巡游的阵仗才有了“大丈夫就要这样一生”的梦想而斩蛇起义，吴广是有了“王侯将相宁有种乎”的梦想而揭竿而起。所以说，梦想就是相信自己能够成功的一种愿景。因为动物才要生存，而人则是要生活，美好的生活。

有梦想还必须要有热情，热情是放飞梦想的平台，

明代《菜根谭》中有一句话说：“天地之气，暖则生，寒则杀。故性气清冷者，受享亦凉薄；唯和气热心之人，其福亦厚，其禄也长。”人在职场，必须要有热情，还必须要时刻保持这种热情，让我们的职场充溢着温暖和阳光。

俗语也说：良言一语三春暖，恶言一句六月寒。热情的态度、热情的表情、热情的话语会让人的心温暖许久，而温暖的心也会为你停留许久；冷漠的态度、冷漠的表情、冷漠的话语会让人的心寒冷很久，而寒冷的心也会离开你很久。

人在职场，如果碰不到问题，说明你在逃避问题，成就是伴着问题的解决而来的，没有成就意味着我们没有解决过问题。

消极的人只会看见机会前面的问题，并且放大了这个问题，而忽略或者根本就看不见问题背后的机会，当我们有意愿缩小这个问题时，机会就会看得更加清楚了。看不见问题的人其实是害怕问题，害怕承担责任，所以逃避问题的人注定是职场的失败者。

活着的人还必须要有行动，是要有耐力的行动，是不能停止下来的行动。有行动，才能够保证梦想的实现，热情的扩散，问题的解决。否则，就成了奢求和空谈。

唐代大诗人李白，小时候读经典，觉得枯燥无味，便丢下书，逃学跑出去玩了。

他一边闲游闲逛，一边东瞧西看，一会儿，就来到了不远的小溪旁，他看见一位老奶奶坐在磨刀石上的矮凳上，手里拿着一根铁棒，在磨刀石上上下地磨着，神情专注，以至于李白在她跟前蹲下了许久，老奶奶都没有察觉。

李白不知道老奶奶在干什么，便好奇地问："老奶奶，您这是在做什么呀？"

"磨针。"老奶奶头也没抬，简单地回答说，依然认真地磨着她手里的铁棒。

"磨针？"李白很不明白，老奶奶手里磨着的明明是一根铁棒，怎么是针呢？李白忍不住又问："老奶奶，针是非常非常细小的，而您磨的是一根铁棒呀！"

老奶奶边磨边说："我正是要把这根铁棒磨成细小的针。"

"什么？"李白有些意想不到，他脱口又问道："这铁棒能磨成针吗？"

这时候，老奶奶才抬起头来，慈祥地望望小李白，说："是的，要把铁棒磨成针是很困难的。可是我每天不停地磨呀磨，总有一天，我会把它磨成针的。孩子，只要功夫下得深，铁棒也能磨成针呀！"

幼年的李白是个悟性很高的孩子，他听了老奶奶的话，一下子明白了许多，心想："对呀！做事情只要有恒心，天天坚持去做，什么事都能做成的。读书也是这样，虽然有不懂的地方，但只要坚持多读，天天读，总会读懂的。"想到这里，李白深感惭愧，脸都发烧了。于是他拔腿便往家跑，重新回到书房，翻开原来读不懂的书，继续读了起来。

是的，只要有热情，勇敢面对问题，坚持行动，还有不能实现的梦想吗？

这四项的完整是在证明自己还活着，活的好好地，缺少任何一项，说明你的职场之旅快要结束了，在结束之前，我们有实现梦想吗？

原来，决定我活着还是死去的根源在我自己这里。

## 12. 选择信任选择融入

信任与选择的环节让我们释放了激情，也感悟到了信任的魅力和力量。

职场上，总有一些人是我们不想跟他打交道的，是我们很反感的那种人，但是反思，我们是不是也是一些人很反感的呢？大千世界，就是因为多元才丰富多彩，才精彩万分，拒绝的看上去是一个人，其实是一组人，一类人，是很多人。

我们总是对我们没有帮助的人和我们不关心的人，以及我们讨厌的人和讨厌我们的人给予有距离的表达方式，而这个人可能已经在我们的团队中了，如果我们不去改变心态，改变原有的观点，是不是又要出红牌呢？

最容易让我们忽视的，往往是我们身边的人，因为在身边，才会不去思想，而把思念怀想都给远方的人，其实我们忽略了一个真实，那就是身边人也是和我们最有缘的人啊。我们已经有缘到天天可以交流，天天可以见面的程度，这不是最要倍加珍惜的吗？

信任要从信任身边人开始，通过问候他们，让对方感受到我们的温暖、关怀和信任，同样我们也要感受到对方给我们的关怀、温暖和信任。

信任加宽了我们的职场通道，让我们前进的更加顺利，因为信任的基础是义，是爱。

曹操在刺杀董卓失败后，亡命天涯。被陈宫义救于牢房，两人在逃亡的路上，曹操误杀吕伯奢一家，说出“宁可我负天下人，不可天下人负我”的无义之言，使得他后来的丰功伟绩大打折扣。而曹操的误杀就是由不相信别人的心理导致的。

曹操至今都在背负着不仁不义的骂名。

但是嵇康和山涛的故事却又会让我们潸然泪下。

魏晋时期的竹林七贤，名誉天下，嵇康是其中的精神领袖，山涛则是其中一员。嵇康因为家族的原因，他是篡位上台司马氏家族的天然政敌，也是司马集团要肉体消灭的对象。

竹林七贤避世竹林中逍遥，饮酒歌赋共倡玄学新风，使得嵇康暂时免遭遇害，司马氏为了瓦解竹林七贤，剪灭他们的影响力，对七贤发诏书，要求他们入仕为官。

迫于政治压力，竹林七贤纷纷走出竹林步入官场，唯嵇康知道自身凶险，坚持不出。然而并不是所有人都了解嵇康的，包括他的竹林兄弟。

没过几年，山涛就晋升到很大的一个官——吏部尚书郎，在他就要另外高就的时候，朝廷要他推荐一个合格的人继任，山涛真心诚意地推荐了嵇康。嵇康知道此事后，立即给山涛写了一封《与山巨源绝交书》。这封 1800 多字羞辱山涛名节的绝交信成为体现文人独立性格的讽喻佳作。一时天下哗然，但直到嵇康死后百年，才有人悟出这是嵇康对山涛的保护，他用断绝情义的方式斩断名义上与山涛的关系，而避免山涛受到自己的牵连。

因为嵇康心里清楚，司马氏迟早会杀了嵇康。

果然，一件原本不与嵇康关联的事情因嵇康的义愤而关联上，虽说事情不大，终究是个借口，嵇康被判死刑。在嵇康临死之前，他没有把自己儿女托付给自己的哥哥嵇喜，没有托付给他敬重的阮籍，也没有交给向秀，而是托付给了山涛，并且对自己的儿子说："山公尚在，汝不孤矣。"

在弹奏一曲广陵散之后，嵇康绝唱谢幕。

信任至死都是信任，无论之前发生过什么，山涛没有辜负嵇康的重托，一直把嵇康的儿子嵇绍养大成才。尽到了朋友应尽的道义与责任，使得这个孤弱失去父亲的孩子，没有缺失慈父般的关怀与教导，不再那么无依无靠，这是成语"嵇绍不孤"的由来。

嵇康和山涛之间感人至深的信任与友情，也成为了千古传扬的佳话。

其实，只要用心搜寻，我们身边也有嵇康和山涛式的真朋友，因为我们不缺少信任。

原来，让我选择信任与否的根源在我自己这里。

## 13. 扩张团队的方法

职场发展的决定权在自己的手里，简而言之，就是快速扩张自己的团队。

无论在什么岗位上，不需要别人或者上级的安排及指令，发展团队都是硬道理。团队的扩张需要有条不紊，需要有规划，一个优质的团队的建设总是有它成功的方法，盲动和躁动可能适得其反。在信任与选择环节，我们由最初的二个人变为最后的大团队，其实只有两个要领，第一是高票要服从低票；第二是要建立同频文化。

高票服从低票是尊重，是求同存异，是不强迫；尊重是信任的基础，是信任对方的表现形式，没有信任就无从谈尊重；没有尊重，就无法聚合起一个真正有发展潜力的团队。在信任的前提下，寻求认同，找到共识，从而找到彼此纽带。

建立同频文化是共识，这个共识是全体的重合，又有着扩张的空间，因此这个共识就不是小范围的，就不是狭义的，而是更大范围，更有兼容性的文化，但又不能是某些看起来放之四海而皆准可实践起来寸步难行的空洞式文化，职场巅峰就是一个优秀文化。

植入了一个好的有张力的职场文化，扩张团队变得轻而易举。

关键是这个文化必须是一个好的，有大格局的，带有大义名分的文化，且这个文化必须先要扎根在现有的团队心中，获得百分之百的认同，有了这个文化基础，再去扩张，扩张之后再来沉淀，之后再更大的扩张，如此循环。

以职场巅峰为例，先要夯实现有团队成员，把这个文化根植在每一个成员的心里，领悟职场巅峰文化的内核，为什么，做什么，营造出与之匹配的团队氛围，不断演练直到自然；之后根据现有的带动能力，适度招聘新成员，在让新人在这个氛围里培育一个时期之后，比如20天左右，就要感召他，或者行政指令他，再或者逼迫他，有意愿参加职场巅峰课程，课程中的每一个环节，团队成员都要隔山参与。标准做到位就可以确定，毕业之后，这个新人就会融入到这个团队中了。经过一段沉淀之后，再次扩张时，这个新人已经成为新的带动能力，这样发展的基数就变大了。

同频是团队扩张的基础，尊重则是承载同频文化的表现形式，因为这个同频文化的本身就应该包括了信任与尊重的内容，否则如何称为更大范围，更有兼容性的文化？

东汉末年杰出的政治家、军事家曹操在年轻时就表现出机智警敏，有随机权衡、遇事应变的能力。但因为他当时任性好侠、放荡不羁，不修品行，不研究学业，所以很多人不认为曹操会有什么特别的才能，只有梁国的桥玄等人认为他不平凡，桥玄对曹操说："天下将乱，非命世之才不能济也，能安之者，其在君乎？"南阳何颙对他说："汉室将亡，安天下者，必此人也！"就是这样的暗示，在年轻的曹操心里播种下了自强不息的远大理想，也埋下了他未来团队文化的种子。

果然天下大乱，豪强并起，曹操散尽家财聚合起来的人马也是相对很弱小的一支。但他的团队文化却是最响亮的，最有大义名分，这个文化就是安定汉室。曹操后来挟天子以令诸侯让这个文化更具说服力。所以在各方势力的角逐中，曹操渐渐傲视群雄。

曹操打出这个旗号，其实就是开放了自己团队的文化，让同频者闻之而来，不同频的曹操也做足工作，的确非我族类，其心必异者，曹操总是很残酷的消灭，如前文提到的陈宫和袁谭等，他的团队扩张和发展几乎都是在战场上完成的。

曹操率军击败青州黄巾军，获降卒三十余万后，他收其精锐，改编成自己的军队，号青州兵。曹操麾下的得力战将也多是文化感召而至，如张辽、徐晃、张郃、于禁、乐进、文聘等等。团队文化的基础建设好了，团队才不会因发展扩张而自乱阵脚。

曹操得益于他所建的这个团队文化，最后缔造了曹魏政权，成就个人职场辉煌。

原来，能否建设一个具有扩张性的团队文化的根源在我自己这里。

## 14. 黑暗中，把自己交给看得见路的人

职场上，人总会有迷茫的时候，总会有困顿的时候，人在那一刻，往往看不见脚下的路通向何方，看不穿迷雾的尽头是不是柳暗花明，这时候，总是渴望有朋友的帮助，总是期盼有清醒者来指点江山。

思绪在浑浊时就会异常混乱，迷惑在职场的岔口就如堕入黑暗的窖室，就像飘摇在空中的风筝，不知道自己在做什么，能做什么，也不知道应该去做什么，只有心痛的感觉和焦虑的煎熬，内心总被一些事情填塞着，郁闷着，质疑我们自己会不会有那么一天，会像断线的风筝随风飘逝在不知落点的去处。

有朋友真好，有可以信赖的朋友更好，我看不见路，就把自己放心的交给看得见路的朋友，信任他的导航，信任他给我指明的方向，信任他的臂膀，信任他传递出来的力量。

是的，在自己黑暗的时候要信任，信任就要百分之百。黑暗中，我们已经浪费掉太多的青春了；黑暗中，我们已经虚度了一段时光；黑暗中，我们不就一直在渴盼有一柄燃烧着的火把出现吗？现在，当我们信任的巨手托起我们的脚步时，不就是这样的光芒吗？

黑暗里，我们真的不能再敏感、再偏执、再顽固到底地故作坚强了；把手交给朋友，把信任也交给他，让他指引我们一程，穿过这段迷雾。

英雄项羽陷入了黑暗中，范增犹如火把一样光明，但项羽弃之不用，依旧依靠个人的英雄主义在踌躇满志实则自毁前程，黑暗中，最容易让自己裹足不前，最容易使得自己前功尽弃，最容易回到从前的起点。越是黑暗，越需要智慧，智慧由清醒的理性中来。

信任的交付，就是一个大智慧，我们又得说一下曹操的故事。

时局发展，最为困扰曹操的是北方的袁绍，曹操开始处心积虑。

曹操为了免予将来同袁绍作战时前后受敌，决定先消灭在徐州立足未稳的刘备。当时诸将皆怕袁绍乘机来攻许都，曹操对此胸有成竹的说：“刘备是人杰，今天不打必有后患。袁绍虽有大志，但做事犹豫不决，他不会来攻许都

的。”于是他迅速击破了刘备，使刘备兄弟三人失散，本人则落荒投奔袁绍，而袁绍的举动恰如曹操分析的那样。

但曹操与袁绍这北方实力最强的二股势力终究是要对决的，战场选在了官渡。

袁氏一门，四世居三公位，门生故吏遍于天下，势力原本就很大，后又取了冀州、并州、幽州和青州四地，实力倍增，兵精粮足，将多谋广，后方稳固，根本不把宦氏出身的曹阿瞒放在眼里。他挑选精兵十万、战马万匹，志在一举消灭曹操。

相比较而言，曹操确实在实力上不如袁绍，所以袁绍大军来攻，许都震动。二月，战幕拉开。虽然初战之中曹军有阵斩颜良、文丑，使袁军大震的胜利，但增驰而至的袁绍大军浩浩荡荡，旌旗蔽日，连营数十里，依沙堆为屯，稳步推进，让曹军陷入拉锯战。

战至十月，久战下的曹操处境极为困难，曹操进入到他职场最黑暗的时期。他已看不清走势和结局，他甚至想要放弃这遥遥无期的战事。就在他迟疑之时，一抹烛光，点亮了他职场的转折之路。这烛光就是许攸。

许攸本是袁绍谋士，因故而恼，前来投奔曹操，曹操闻信是喜出望外，他的喜是他看到了胜利的出口，看到了许攸就是照亮时下前程的那抹光。曹操在兴奋之中竟反穿鞋子就跑出帐外，去恭迎许攸。果然许攸是知己知彼，最了解袁绍的命门，他献计让曹操偷袭袁绍战粮的存储地乌巢。结果是一战扭转局势，而大败袁绍，并彻底改写两个人的历史。

不管许攸是何人，但曹操知道，在当时许攸就是那个看得见前方道路的人，把自己交给他就是最明智的选择，既然交给他，就坚信不疑。

原来，让自己看得清道路的根源在我自己这里。

## 15. 投入不投入，心里知道

投入就是百分之百，就是一心一意，就是百折不回。

职场上，拥有梦想，处在一个具有扩张性的团队文化的氛围里，很有福气，怎样把这个福气发扬光大变成职场胜势，就需要在行动中的投入。

有没有投入自己的百分之百，自己心里最为清楚，其实，别人也清楚。无论从过程，还是从一个个独立又贯穿于职场上的各类事务的处置方式和结果上，都可以找到投入与不投入的答案，以为别人看不出来的只是自我蒙蔽的掩耳盗铃，或者只是他人心存事不关己高高挂起的心态，再或是对你已经彻底失望所致无所谓而已。



投入就会有投入的状态，就会有投入的外在表象，就会有投入的滴滴汗水滑下来的条条痕迹，就会有投入的饱满而大放异彩的蓬勃心境。投入的是一种态度，在平和心和责任心的映照下，投入不投入一眼就可以看穿。

春秋时期的孔子就是一个在学习上十分投入的人，大家都看到了这一点，所以不管是平民百姓还是王侯将相，有了问题都会想到去找孔子咨询。

有一天，吴王遇到一个巨大的骨骼，整整要用一个两匹马的大车才能装下，吴国无人知道这是什么东西的骨骼，于是吴王就派人千里迢迢的运到鲁国给孔子看，让孔子鉴别这是什么。孔子一看便说：这是防风氏的腿骨。见听者迷惑，他又对来人讲了古代巨人防风氏因为迟到被大禹杀了的故事。

孔子在五十岁的时候依然孜孜以学，尤其喜爱读《周易》。

那时所谓的书其实主要是以竹简为纸，在简上写字，一根竹简多则能写几十个字，少则只有八九个字。一般一部书要用到许多竹简，为了便于阅读，都是通过用牢固的绳子之类东西把竹简按次序编连起来，称之为书。通常，用丝线编连的叫“丝编”，用麻绳编连的叫“绳编”，而用熟牛皮绳编连的叫“韦编”。韦编最结实，像《周易》这样厚重的书，当然是要用最结实的韦编才能行。

《论语》记载，孔子在读《周易》时十分投入，翻来覆去地研读，竟使编连《周易》的熟牛皮绳子断了好几次。后人引申出“韦编三绝”这句成语，形容读书的勤奋和投入。是先有了投入学习的过程，才后有了孔子大学问的存在。

职场上也是一样，只有先有了投入的工作，才会后有业绩的产生，没有投入，如蜻蜓点水，波澜不惊，不可能会有什么大的作为；投入还要持久，否则也就是昙花一现，挡不住要雨打风吹去的枯萎。也终究不会有什么值得炫耀的佳绩。

投入是为自己的职场生命而投入的，投入还是为了爱人与所爱人的生命而投入的，投入是职场上必须要付出的，若要有成果，必先要行动，若要行动不付之东流，就必须要全情投入。因为职场路上，不是只有我们在走，很多人明白这个道理，很多人在投入着，他们或许就是我们必须要面对的职场巨人。

在职场路上，我们会多次遇见这样的职场巨人，他们是下一关前的卫士，是挡在我们前行路上的试金石，只有战胜他们，才能进入下一关；而战胜他们，只有投入自己的全部，只有发挥出自己最大的潜能，才有这个可能。也只有战胜面对的巨人，我们才是货真价实的成长，也才有资格站上更高的一个新起点。

原来，让自己投入的根源在我这里。原来，让自己不投入的根源也在我这里。

## 16. 坚持到底，一定成功

职场上，最终要战胜的是自己，是自己的意志品质。

能不能坚持到底，就是毅力与颓废的较量，就是积极与消极的拼杀，就是对自己有没有信心的拷问，就是对自己是不是真的崇尚理想的终极问卷，也是对自己最大和最后的心理考验。当职场上出现坚持这个概念的时候，就是到了最关键的时候，坚持过去，就会一马平川，鲜花盛开；但若是放弃，则会打回原形，从此将一蹶不振。

来到坚持的大门前，说明成功就在眼前，也说明我们遇到了以往职场上从未遇到过的问题，这是一个瓶颈，是对能力的一次检验，它需要我们的信心，更需要我们的耐心和方法。

石达开，太平天国最富传奇的人物，16 岁被洪秀全拜访邀请出山，19 岁统帅千军，屡建战功，20 岁被封翼王，就是他把曾国藩打的要投河自尽，屡败屡战的。

太平天国建国后，高层内部红牌不断，让一度形势大好的局势急转直下，石达开为避免再次发生内讧，领军出走，转战川黔滇三省，最后突破长江防线，来到大渡河边。

涛涛的大渡河挡住了太平军的去路，多次抢渡不成，粮草用尽，陷入绝境。面对越来越多包围而至的清军，石达开绝望了，他选择了放弃抵抗，而此时太平军尚有四万余人。虽然石达开最后舍命以全三军的义举可歌可泣，但失败已成滚滚长江东逝水，无可挽回。

历史几乎总在重复着，一幕一幕的教训不断在下一个人身上重演，但在大渡河畔的故事却因为选择的不同而不再重蹈覆辙。七十二年后几乎就是在同一个季节，三万余人的红军来到了石达开站立过的大渡河边。同样的地点，同样的被追剿的身份，差不多的人马和依旧是围追堵截而至的更多的敌人的军队。

不同的是，这一次，对立面的两个首脑相隔的距离更近。中共的领袖毛泽东就在这支红军的队伍里；国民党党魁蒋介石的座机也飞临川军驻地，就近指挥。敌我双方彼此都知道石达开的故事，毛泽东说："绝不重蹈石达开的覆辙！"蒋介石扬言一定要让毛泽东成为第二个石达开。两种决定中国命运的力量在这天险纵横的重叠山川中紧张地对峙着。

光有口号是不够的，光有愿望也是不行的，必须要有正确的行动。

毛泽东高瞻远瞩，审时度势，变通部署，一面在安顺场制造涉渡的假象，一面命令刘伯承佯攻雅安，作直取成都之状，另一面又命令杨成武夺取泸定桥。

命令是这样下的："杨成武：限你军于29日夺取泸定桥，你们要用最高的行军速度和坚决机动的手段，去完成这一光荣的任务。你们要在此战斗中突破过去夺道州和五团夺鸭溪一天跑一百六十里的记录。"命令是28日凌晨下达的。

接令后的杨成武红四团火速前行，不要背包，不要干粮，不要建制，顶着飞机侦查和迷惑着江对岸的川军，昼夜兼行一天240里的崎岖山路，终于于29日晨，出其不意地出现在泸定桥西岸并迅速进入夺桥的战斗中。经过22名勇士的英勇作战，最终胜利占领了已拆除桥上木板只剩下13根铁索的泸定桥，史称"飞夺泸定桥"。

战后，毛泽东安步走下泸定桥头，对身边的战友们说："梦想我们当石达开第二的那个人作何感想呢？"

曾任铁道兵副司令员的罗华生将军在回忆录中说，泸定桥22勇士，是他亲自到二连挑选出来的。当时他挑人的标准是，凡是干部，包括连长、指导员、党支部书记及排长，首先要挑出来。曾经是战斗英雄的，比如在强渡乌江战役中立过功的，也要挑出来。被挑选出来的人，必须是共产党员、共青团员。突击队的任务是二连连长廖大珠抢下来的，那就由廖大珠担任突击队的队长……

时间来到1985年，纪念"飞夺泸定桥"50周年，杨成武将军受邀参加，说起22勇士，杨将军回忆，当年战事非常紧张，打完泸定桥，部队就又继续向前打了，泸定桥22勇士的名字没有来得及记下来。后来在长征路上，他们多数同志都先后牺牲了。说到这些时，杨成武将军情绪十分激动，他一遍一遍地呼唤——我的22名勇士，你们在哪里，在哪里啊？说着说着，杨将军竟老泪横流……

通往成功的道路一定不会是平坦的大道，一定会是荆棘密布，坎坷不平的路，之所以成功路是这样，其实就是在验证一个人坚强的心，就像要看日出必须要守到拂晓一样。通过艰难，品尝心酸，才有职场成功的甘甜。不经一番彻骨寒，怎得梅花扑鼻香？

职场最终那些有所作为的人，无不具有顽强的意志、坚忍不拔的毅力。无不是在艰难困苦当中一路坚持到底的，越过这些障碍险阻后再回首，成功的自豪感油然升起。

坚持，坚持，坚持，不是要获得别人的掌声，而是要收到来自自己内心的喝彩，这个喝彩会荣耀自己的一生。

原来，让我放弃的根源在我自己这里。原来，让我坚持到底的根源也在我自己这里。

# 四、一切皆能实现



## 1. 最快的晋升

所有职场上的晋升都不是被人提拔的，提拔只是表象，晋升真正的原因是自己做到了应该晋升的程度，早一点或迟一点而已。

初到职场就是一个基层员工，若不能建设出或者帮助出 10 个基层者，你就一直会停留在基层，但若你完成了刚才设定的目标，即使没有人提拔你，其实你已经是个实际的中层干部了。若你满足，你的职场结局就是在中层岗位退休；但若你培养或者辅助了 100 个下级，无论有没有人任命你，你就是一个高层领导者；如果你继续这样的付出，当你的下级或者受到你帮助的团队成员达到 1000 人时，你怎么可能不是顶层领袖呢？

晋升全由自己决定，快慢也由自己主宰，没有什么力量可以阻滞你的速度。

建立一个团队很容易，只要你融入了一个团队当中，你就拥有了这个团队，这个团队的文化就属于了你。所以说，最快的晋升就是带出一个团队。

带团队首要的功底是要参悟彻底团队的文化，自己所带的团队要与整个大团队的文化相一致，相吻合。否则就成了小圈子，成了不融洽的山头，对整体有害无益。

人在职场上，不必要也不需要什么事情都推翻，而后在你手上重建，你现在所处的一切，所感受到的文化，就是一群并不比你缺少智慧的人建立的。他们的思想和职场阅历一样都不少，现在你要做的是融入和传承。

身在团队中，团队原本已经属于你，之所以你没有感受到，不是团队不包容你；之所以团队没有成为你的一部分，不是团队不接纳你。而一定是你还没有完全彻底地进入到这个氛围中来，或许你的一只脚已经迈了进来，但你的身子，还在大门之外，至少你的大脑，你的魂魄，你的心灵还漂流在外。进来，就是要全部进来，相信就是要全部的相信。

要信任团队的文化就是最好的，坚定贯彻和执行这个文化，是身为团队成员的你必须要做到的，也是一定要做好的。所以说，最快的晋升就是百分百信任团队的文化。

人在职场，有些事，只能自己一个人去做，别人无法替代；有些关，只能自己一个人去闯，他人无法代劳；有些路，只能自己一个人去走，任何人都不能代表。在路上，或许会有些孤单，想要找个依靠，但正是温暖的陪伴，才让自己失去独立的勇敢。

无论如何，职场大路已在自己的脚下伸延，就要首先自我把握自己的命运，要相信自己也有和他人一样的能量。即使现在的能量不够强大，但我知道能量增长的方式，和能量附体的道理，既然能量都是后天习练而来的，他人做得到，我就能做得到。

将相本无种，为人当自强。我要向上一个阶梯攀登，这是我的使命，是我对自己职场未来的承诺。日日行，不怕千万里；常常做，不怕千万事。只要不断的前进，我就一定能实现职场目标，就一定能获得成功。所以说，最快的晋升还要相信自己能够很快的晋升才行。

热播剧《亮剑》中李云龙就在诠释这样的理念。

李云龙新婚妻子秀芹被鬼子突袭抓走，这一下彻底惹怒了李云龙，他自作主张决定攻打鬼子占领的平安县城。他开始下命令集结散落在各地的所辖部队。

当时情况是这样的：李云龙独立团在鬼子五一扫荡之中损失惨重。已不成建制，为了扩大武装和开辟新根据地，李云龙把自己队伍化整为零，分散出去，按照政策各自发展。

这两天李云龙各部纷纷集合。其中一营长张大彪刚刚伏击成功，就接到命令，他连胜利的战场都没有打扫，就紧急向团部集结。各部基本到齐，参谋长清点完人数后，乐的嘴都合不上了，来向李云龙汇报："乖乖，李云龙，你已经是师长了，一万多人啊，我的乖乖。"李云龙则面无表情。因为他心里清楚，一定会是这个样。

没有人给李云龙下晋升的命令，但李云龙在上下级的心目中已经是个师长了，首先他已经做到了师长之实；其次他的团队发展都是在八路军的框架内实现的，既不像黑云寨土匪谢宝庆那样无法无天，也不像晋绥军楚云飞那样龟缩不战；还有就是李云龙敢于亮剑，相信自己能够做到的人格魅力。

他的晋升是自己造就的，虽说后来又降为营长，但有谁真的把李云龙当成营长了呢？

只要相信自己能够晋升，就一定能够晋升，毋庸置疑。

## 2. 榜样的力量

找到并树立自己学习的榜样，会让我们的职场生活充满充实感。

榜样会增强我们的自信心，榜样会使我们始终有方向，榜样会让我们看到更具体的成功方法，榜样会促使我们更快的改变我们的不足，榜样会让我们在不知不觉中成为和他一样优秀的人，榜样会提高我们的进步速度。榜样就是我未来的模样。

榜样好比职场蓝图上的坐标，好比事业成功的向导。它带给我们的是无尽的向上锐气和蓬勃朝气，是源源不断的必胜信念和强大的自信心，是永无止境的向前驱动力和这力量的源泉。只要我们真的向榜样学习，向榜样看齐，我们必将在职场上摧城拔寨、无往而不胜!

但选择榜样，应该注重对自己帮助的实效性，对自己职场提升的高效性，而避免好高骛远，徒有其名而无实用。避免自己养成好大喜功的不切实际的作风。所以，与其把远方模糊的人物当作自己职场的榜样，不如在身边寻找更加清晰的人来做自己职场的榜样。这个榜样至少有两个，一是团队的领袖，二是团队的天使。

团队领袖之所以成为团队领袖，一定有他的道理，有他的可取之处，只要用心观察，或者直接听话照做，我们势必就可以学到领袖的职场精华，所谓紧密跟随才能学到精髓。领袖的成功，一定是满足了我们共识的团队文化的结果，处在相同的团队文化氛围里，向领袖学习，以他作为自己的榜样是最便捷的，他就是离我们最近的模仿对象。

另外，团队天使也是我们要学习的榜样。在一个完全相似的职场环境中，天使取得的傲人业绩，必有具体可复制的方法，只要虚心求教，认真操作，刻意仿效，天使的成功就可以在自己身上呈现，这正是融入团队所要的效果，在团队内部的良性竞争中，推进整个团队的进步，恰恰就是团队文化建设的目的，天使同样是离我们最近的榜样。

在职场路上，我们也必须要成为别人眼中的榜样，只有这样的自我激励才能化蛹成蝶，才能登上荣耀的舞台，才能不用扬鞭自奋蹄。天行健，君子当自强不息。不同时期要给自己不同的压力，逐步推高自己的职场梦想，要坚定地相信自己也能蜕变成职场精英、职场天使和职场领袖。

榜样的力量是无穷的，应该是列宁在十月革命后说的话，由此苏联之初，树立了很多榜样式的人物，通过这些榜样人物使得混乱的苏联有了明确而一致的是非认知，而这个世界观的相对统一对苏联卫国战争又起到了巨大的作用。民族榜样的普及让苏联很少出现叛徒；英雄榜样的推广又让士兵们都很勇敢无畏而绝少缴枪投降。

职场上，榜样就是让我们成长与进步的参照，就是执行标准。

还得再说一个关于曹孟德的故事。曹操二次征讨张绣，行军途中，曹操看到田野中快要熟了的麦苗，他有感于连年战祸不断，各路豪强的军纪都太坏，百姓苦不堪言，听到有军队来了，无不逃之夭夭。因此，曹操下令说："我们是正义之师，出兵讨伐叛逆。现在正是麦子快要熟了的时节，军士有践踏麦田的，一律斩首，这是军法，不得违命。"

官兵听到了，在经过麦田时都小心翼翼，军中骑马的人都下马，用手相互扶着麦子走，只有曹操一人在马上观望，忽然田间飞起一只鸿鸟，惊吓了曹操坐骑，蹿进了麦地，践坏了一大片麦子。曹操招来随军主簿定罪，主簿很为难的说："军令怎可用在丞相身上呢？"

曹操说："我下的军令，我不做榜样遵守，怎么能够服众呢？"说罢，欲拔剑自杀。

随从皆跪地阻拦，谋士郭嘉说："自古刑法不加于尊，您是丞相，还要统领大军，怎么可以弃大义不顾？"曹操想了一下，说："既然如此，我姑且暂免死刑，但仍以发代之。"

于是他拿起剑来割断自己的头发投掷在地上。表示自己受了髡刑，古代人认为身体发肤受之父母，若有损伤视为不孝。全军为此悚然，无人再敢轻忽军令，纪律大整。

身边的榜样让我们看的最清楚，他们提供的职场发展参数也最有说服力。人人之间的确存在一定的差距和不同，但是勤能补拙，只要相信天道酬勤，我们就有力量成为榜样。

只要相信自己是一个榜样，就一定能成为一个好榜样，毋庸置疑。

## 3. 向团队天使致敬

团队天使让这个团队生机勃勃，让这个团队充满希望，让这个团队富有吸引力。

一个有心灵感受的人，必须要向团队中的天使致敬；一个有思想感情的人，必须要向团队中的天使致敬；一个有灵魂感恩的人，必须要向团队中的天使致敬；团队天使，是团队中最可爱、最可敬、最可亲的人。

正是一个团队开始出现天使，说明这个团队有了文化的感染力；当一个团队大量出现天使时，表明这个团队具备了超级感召力。团队天使是团队文化的灵魂人物，是承载团队文化的榜样，他们用自身的实践在证明这个文化的魅力，用行动在凝聚着团队的向心力，是团队建设与发展过程中贡献最为突出的楷模。

作为天使，必然要做出巨大的付出，没有一个成功的背后没有汗水，天使们业绩上的光芒是由智慧和辛勤铸造而成的，在我们看见与看不见的时间里，天使为了团队，为了文化的发扬光大一直在付出着，只有拥有强烈荣誉感的人才有这样的耐力，只有为团队承担使命的人才会如此投入，向他们致敬，这是对他们当之无愧的嘉许、致敬，团队天使。

对天使的致敬还在于他们树立了一个好的榜样，营造了一个出色的氛围，带动了一个积极向上的风气。他们的存在，使得整个团队变得强大和有战斗力，他让团队真正成了一个令人骄傲的团体；他们的存在，使得成功变得唾手可得，为有这样的伙伴而倍感幸运；他们的存在，让很多事情变得令人感动，在触动中使我们学会感恩；从内心深处都应该感谢这些天使，为他们的先行行为致敬，为他们的指路行为致敬。

天使是让一个团队产生荣誉感的火种，天使能让一个团队灿烂夺目。

如果说颜回的安贫乐道是孔门学子中的天使的话，那么雷锋的精神就是解放军团队中千千万万个天使中更具代表的一个。今天我们若还能静心的重温雷锋的故事，或许就能联想到行行业业的天使是怎样炼成的了，也许就能明白为什么我们要向他们致敬了。

雷锋作为一名普通的解放军战士，在 22 岁的生命里，用普通但不简单的事例在为整个军队、整个民族做天使。翻看雷锋的事迹报告，看不到惊天动地的大事，但要设身处地去想象他的所作所为，无不为之赞叹，为之动容。

一个人一生做一件好事不难，难的是一辈子都在做好事。雷锋短暂一生中帮助人无数，几乎就是走到哪里就把好事做到哪里，我想这已经成了他的日常习惯，可能在雷锋的心里根本就不存在好人好事这个概念。因为他是一个懂得感恩的人，他就是在用行动感恩社会，感恩解放军，感恩共产党。他已经和好人好事完全地融在一起了。

篇幅所限，这里不必罗列雷锋的事迹，只说三点。

一是雷锋的助人为乐是自始至终的。雷锋从参加工作开始，六年如一日。无论是在湖南望城，团山湖农场，还是在辽宁鞍钢，无论是当拖拉机手，还是在工厂当工人，雷锋都是"红旗手""劳动模范""先进生产者"等的获得者。这些不都是天使的代名词吗？入伍只有二年多一点，就荣立二等功一次，三等功三次，团营嘉奖多次，还有其他特别的荣誉，如"毛主席的好战士"等，当过兵的一看就会知道，这个人多出色啊，表现得多好啊。

二是雷锋精神广被接受。由雷锋开始慢慢带动了全班都在做好人好事，影响了很多人的思想，人人关系空前融洽，这种精神是普世精神，即使大洋彼岸的西点军校也在弘扬雷锋精神，他让团队更具友爱和凝聚力。雷锋班成为一个荣誉，雷锋班还成为一个精神的传承标志。

三是社会上实际需求雷锋精神。当雷锋殉职的消息传来，几万人自发地涌到部队，都想最后见一眼雷锋。当时的抚顺市委书记毅然捐出为母亲备办的寿材，原本准备在部队举行的追悼会，因要求参加的群众太多，不得不改成全市公祭，十万人为一个年仅 22 岁的普通士兵洒泪送行，并护送灵柩到烈士陵园，这是怎样的一个场景啊。

摘录几条雷锋语录以飨心灵：1.但愿每次回忆，对生活都不感到负疚；2.把别人的困难当成自己的困难，把同志的愉快看成自己的幸福；3.对待同志要像春天般的温暖，对待工作要像夏天一样火热，对待个人主义要像秋风扫落叶一样，对待敌人要像严冬一样残酷无情；4.不经风雨，长不成大树；不受百炼，难以成钢；5.吃饭是为了活着，但活着不是为了吃饭；6.我愿做一颗永不生锈的螺丝钉；7.一朵鲜花打扮不出美丽的春天，一个人先进总是单枪匹马，众人先进才能移山填海。

雷锋所具有的做人品质，是真正的喜悦和乐观，他是中华民族的天使。向雷锋致敬！

只要相信自己能够成为团队中的天使，就一定可以成为这个天使，毋庸置疑。

## 4. 不要一枝独秀

一个人的出色，说明这个人很优秀；很多人一样的出色，说明这个团队很优秀。

我就是最出色的天使，我用我的成绩证明了我的出类拔萃，我得到了尊重和赞许，但我清醒的知道，我的优秀与团队的优秀分不开，我应该感恩这个团队。

就像刚刚提到过的雷锋。雷锋的童年及少年生活极其悲惨，父母及哥哥的陆续惨死，七岁的孤儿雷锋，是在亲属的拉扯下，艰难地活了下来的。是解放军让他结束了痛苦的生活，是共产党和新政府的关怀，让他上学，让他有家。从《雷锋日记》中可以看到雷锋是真的在享受生活的幸福，并在把这种幸福带给身边的每一个人，这是珍惜现在，感恩现在最直接的表白。所以雷锋笑容多，他的笑容很真诚，所以雷锋的好事很小很普通但感人至深。

当我感到了自己的成长，我就要把获得成长的心得拿出来和大家分享，因为我和我们每一个人的成长其实都是来自他人的分享。越是出色了，我越是要注意个人修养的提高，因为在更高层次的职场平台上，这些都是最基本的个人素质要求。只有视野变宽了，才能看到更多的东西。分享会让团队的氛围更加活跃和向上，会使团队的整体水平更进一步。

项羽的冷漠主要表现在他的"独"上。项羽有妇人之仁的其表，听了范增的批评，他看见别人也恭敬慈爱，遇见有病的人，也能落泪分给他们吃的；但他在心里其实是厌烦的。他的性格是孤傲的，是冷漠的，他是不会真正与人分享成果的；一到了别人有了大功劳需要封赏时，项羽就会假装忘记；明明是给别人刻的带有奖励性质的印章，在自己手里把玩了几次之后，就不想给别人了。所以孤单的项羽在别姬时都不知道自己这个武功第一的人是怎么失败的，还在埋怨老天爷。不分享就会离群孤独而止步不前。

作为取得成绩的人，我们要拿出时间去帮助他人，无论是过去的老同事，还是新来的新成员，应该做到有求必应。成功是什么？成功就是帮助多少人成功了。如果自己有幸帮助到千百人获得成就，那是一个什么样的成就呢？至少不是可以用业绩来衡量的功德了。帮助就要真诚，要有耐心，要知无不言，言无不尽，不怕伙伴把自己所谓的手艺学到，只有都学到了，才会有更高的突破，才会有创新，才会有更高的境界浮现，这是亘古不移的法则。

说项羽总离不开要提到刘邦，这两个冤家对头，是鲜明的对比，无论是不是成王败寇的涂抹，但从对刘邦早期的记载来看，史料还是可信的。他俩一个一枝独秀，是个神勇的千古大英雄，只是可怜了跟着他东征西讨的那些人啦，一人之过，盖没了多少不为人知的凌云壮志啊；一个则知人善任乐于分享，虽"论运筹帷幄之中，决胜于千里之外，不如张良；论抚慰百姓供应粮草，不如萧何；论领兵百万，决战沙场，百战百胜，不如韩信"，但说这话的人却是最后的大赢家。帮助别人就是相信别人，认可别人，让别人也封侯，也当大将军；不知道帮助他人，只顾自己陶醉在暂时成功的赞誉上，久而久之，便会人去茶凉。

职场上，做到一枝独秀很容易，下功夫就能达到，但加入到一个优秀的集体就是自己的运气了；拥有着一个好团队，就要秉持这个团队的风格，就要把团队的文化一以贯之传递下去，这样团队也会如影随形，成为自己再上一个高峰的后盾了。

人在哪里，都不能太独、太傲、太不合群，不要自己关闭自己刚刚打开的透出曙光的职场之门。开放自己，做个真正的天使，让出色换来职场巅峰。

只要相信自己能够帮助到他人，就一定可以帮到他人，毋庸置疑。

## 5. 蛀虫是可耻的

蛀虫是团队的毒瘤，是职场上的懦夫，是对己对人都不负责任的人，是可耻的称谓。

从来到世界那一刻，我们就有天生的牵挂和无法摆脱的责任，降临的一刻便是承载和担当的一刻，已是承受了托付和希望的魂魄，已经和一些人血脉相连，血乳交融，已把家族的荣誉镌刻在了躯体里；在自己短暂的一生里，你的好，你的坏，你的顺利，你的不幸，都有人在与你一起起起落落，都有人时刻在与你分担着。

当你成为蛀虫式的人物时，最伤心难过的就是这些人，你可以继续不管不顾，可以继续狼心狗肺，继续你这苟且偷生式的存在，继续你这没有羞耻的生命，但在你决定继续这样的日子时，是不是要扪心自问一下，这样的生命有意义吗？没有廉耻的肉体还能配这一撇一捺吗？为什么就不能看到自己的颓废带来的伤害呢？变换一种活法会死吗？

你不是没有机会，当你看到这些文字时，你内在是有火热的愿景的，现在最关键的时刻到了，要改变啊，置身在一个优秀的团队中，什么都可以改变，包括命运。

蛀虫是不思进取的代名词，整天浑浑噩噩，不用心，不知道方向也就不知道找方法，当一天和尚撞一天钟，得过且过，只看碗中的一日三餐，从不设计更远的未来，眼睛里透出没有理想的散光，就这样空耗着自己的青春，把职场当作走向坟场的一条直路，内心冷酷到不在乎别人的眼光与期盼，不在乎别人对你的在乎。蛀虫，醒醒吧。

蛀虫是扶不起的代名词，没有意愿上进，老天爷都束手无策，所以老天爷大声说：天只助自助者。对于已经放弃自己生命的蛀虫来说，老天爷没有时间搭理了，天下是天下人的天下，维持好这个秩序，那就要公平，公平就是天道，天道就是一份耕耘一份回报，不多不少，不贪不占，试想如果老天爷天天忙着拉扯蛀虫们，这个老天爷要把秩序导向何方？不思进取又不肯改变，已经让自己的职场之路越来越黯淡了。醒醒吧，蛀虫。

蛀虫是自私的代名词，不顾及团队伙伴的心里感受，不考虑相邻同事的生存空间，不在乎亲朋好友的内心苦楚，只顾自己没有热情的习惯和消极的惯性，任凭他人如何不安，照样我行我素，一成不变地一如既往，麻醉的已丧失了人性。蛀虫，醒醒吧。

蛀虫是动摇团队基石的代名词，也是拖后腿的代名词，他必定是负面效应的制造者，无论说不说话，他的行为已经在破坏着团队文化了，已经在杀伤团队的机制了，已经在损害团队氛围了。之所以容留，就是蛀虫的还不彻底，就是还有改变的契机和希望，当然也是一个好团队负责任的文化内容。不放弃不抛弃，但就怕他自己抛弃自己。醒醒吧，蛀虫。

唐朝最鼎盛时期不在贞观之治，而在唐玄宗的开元盛世。但就是这样一个盛世大唐，十九年间，就被一二个蛀虫给吞噬掉了根基。李林甫就是其中的一个。

就李林甫职场成果来讲，他是成功的，但就职场效果来说，他是彻底失败的。因为他是蛀虫，他已被钉在了历史的耻辱柱上。

李林甫是著名的奸相，出身于李唐宗室，是皇帝亲戚。唐玄宗刚即位时，先任用名臣姚崇，后任用一代名相张九龄，以谋得国家太平，百姓康乐，一派盛世。二十多年后，天下太平的天子开始倦政，尤其是宠幸杨贵妃之后，就常常深居宫帷，少理朝政了。

圣明的李隆基开始犯迷糊，启用了史称“发言陋鄙，闻者窃笑”的李林甫为宰相，一用就是十九年。李林甫虽无道德文章，也无经世之才，但他通音律，会机变，善钻营。他时刻都在揣摩皇上心思，他竟然收买了宫中太监和宫女，为他透露皇上的态度，这样，李隆基的一举一动都尽在其掌握之中。而沉湎于声色的唐玄宗也就更离不开李林甫为他打理朝政了。

著名的“口蜜腹剑”，说的就是李林甫，著名的“立仗马”的典故也是由他带来。都是负面的，足见他的恶劣。李林甫大权独握十九年，专政自恣，杜绝言路，搞得社会矛盾极其激烈，一触即发，果然，李林甫死后一年，他奏请提拔为节度使的安禄山趁唐朝内部空虚腐败，发动兵变。大唐从此由盛而衰。

当然，同时代的杨国忠也是一个蛀虫，可以说，两个蛀虫就把一个盛世大唐的根基给搞垮了，想想，一个公司，或者一个团队，经得起两个以上的蛀虫存在或者折腾吗？

人在职场，别做蛀虫，只要相信自己不是蛀虫，你就不会是。毋庸置疑。

## 6. 不断用“无论……我都要”造句

“无论……我都要”是一个神奇的格式，经常用他造句，就会有奇迹发生。

人生不如意十有八九，看来心情不佳的时候似乎多于心情愉悦的时候，所以人生需要转折，职场励志就需要转折词。“无论”是指当下遇到了阻力，面对棘手的问题，这些阻力和问题可能使内心感受到了巨大的压力，想绕开它，想躲闪它，想回避它，但又明白职场成功法则，绕是绕不开的，躲是躲不过的，避是避不了的。于是告诫自己“我都要”。

当然不一定说的都是职场上的情况，生活中一样需要这个句式。

这个造句格式最著名的一句当属前任总理朱镕基在1998年的九届全国人大一次会议闭幕时的记者会上说的那句：“无论（不管）前面是地雷阵还是万丈深渊，我都要勇往直前，义无反顾，鞠躬尽瘁，死而后已。”掷地有声，今天读起来依然洪亮，振聋发聩。

若我们再结合一下朱镕基总理的其他语录，诸如：“反腐败要先打老虎后打狼，对老虎绝不能姑息养奸，准备好一百口棺材，也有我的一口，无非是个同归于尽，却换来国家的长久稳定发展和老百姓对我们事业的信心。”“我想提醒一点，在日本所有的正式文件中从来没有向中国人民道歉过，在1995年村山首相笼统地向亚洲人民表示歉意，但是在所有的正式文件中都没有向中国人民道过歉，因此不能说中国没完没了地要求日本道歉，道歉不道歉是你们自己的事情，但我们希望你们考虑这个问题。”足见总理肩上的担子之重，面对事务之繁杂，他也同样需要转折词。

职场上，这个句式的应用尤显它的价值：

无论我现在在人生什么位置上，人在旅途，我都要立志登上巅峰；

无论社会存在多么不公平，我都要接受现实，适应社会，去创造属于我自己的人生奇迹；

无论生活给我多少磨难，我都要笑对人生、乐观向上；

无论如何，我都要让我的生命发光发热、灿烂如霞；

无论我的人生遭遇多少起伏与波折，我都要坦然面对、执着前路；

无论我要经历多少坎坷与风雨，我都要牢记我当初给自己的承诺，决不放弃；

无论内心多么疲惫和孤独，我都要完成蜕变，让自己的人生没有遗憾。

无论遭到多少次拒绝，我都要激情饱满地去迎接每一次的挑战。

无论我取得的成功有多辉煌，我都要保持清醒、谦虚低调的做人做事；

无论前途有多少艰难险阻，我都要勇往直前，坚持到底！

无论我的伙伴有怎样的迟钝，我都要帮助他，相信他，人是可以悟道的；

无论有多少所谓的失败经历，我都要顽强尝试一次，再尝试一次，直到尝试成功；

无论我遇到多少的否定，我都要相信自己，决不气馁半途而废；

无论生活的起点是高是低，我都要学会自己主动承担责任，学会独立成长；

无论前方有什么未知的情况在等待着我，我都要保持积极乐观的良好心态去面对；

无论生活中出现多少的不尽人意，我都要坚守自己的理想，坚持自己的原则；

东汉时期，当朝皇帝派班超出使西域及今天的新疆一带，去和当地的鄯善王交朋友。班超带着300多人马，不怕山高路远，一路跋涉而去。其间所遇到的险阻和困难可想而知，但班超他们所想的是无论如何，都一定要完成使命。一路风尘，他们终于来到了新疆。鄯善王听说班超出使西域，亲自出城迎候，把班超奉为上宾。

可是当天晚上，塞外的匈奴也派使者带着1000多人来和鄯善王联络感情。匈奴人在鄯善王面前说了许多东汉的坏话，并暗示鄯善王不得和东汉交往过密。鄯善王看着1000多位身材魁梧的匈奴人，心里有些拿不定主意了。

第二天，他拒见班超，态度也十分冷淡。班超意识到这中间出了问题。经过了解，班超得知了原由，便立刻召集大家商量对策。班超说："现在只有除掉匈奴人才能消除鄯善王的疑虑，才能使他重视和大汉朝的关系。我们无论怎样艰难，都要不辱君命。不入虎穴，焉得虎子。"大家都同意班超的主意。

这天深夜，班超带着士兵潜到匈奴下榻的驿馆周围，他兵分两路，一路拿着战鼓躲在驿馆后面，一路手执弓箭和刀枪埋伏在驿馆两侧。约定的信号响起，他们一面放火烧驿馆，一面击鼓呐喊。匈奴人顿时大乱，结果全被大火烧死或被乱箭射死。

鄯善王见班超以 300 汉兵袭杀了 1000 多匈奴人，他感到汉朝的强大，不敢再犹豫，答应与汉朝永世和好。

无论我们的对手有多强大，我们都要坚定信心，不入虎穴，焉得虎子。

是啊，职场路上，无论天空是否阴霾，我都要我的内心装满阳光……

无论怎样，在你的和我们的字典里，没有失败、没有颓废，也没有放弃！毋庸置疑。

## 7. 是包袱就有被人遗弃的可能

职场上的消极应对，常常会成为蛀虫，而蛀虫基本上都是团队的包袱。

无论是否承认，遗弃包袱是人类最本能的心理选择之一，属于本性的范畴，为什么不这样呢？背负着包袱前行是很辛苦的，这么累，这么疲惫，又没有什么血缘纽带的羁绊和承诺的心里压力，为什么不遗弃这个包袱呢？不是总有人说要轻装上阵吗？

其实即使是有血缘纽带，也常见久病床前无孝子的报道，说明包袱的超重也会使亲情一点点、一天天地退却，亲情尚且如此，何况团队？

行走在职场的路上，包袱会因路程的漫长而更显得沉重，尤其每个人都有自己的职场目标，并且很清楚要实现这个目标，就要保证每天都要完成一定的工作量，这样，似乎每天都有新的事务在等待自己去做。团队的发展，每天都会有新鲜血液的输入，这个新鲜血液就是新人不断地涌入，而新人的加入，必然需要我们去帮助，这样自己的精力、体力、心力都会陷入一个高速的循环当中，而让人看上去很烦恼的包袱和面对包袱时的心理疲劳感，丢掉它的闪念就会不经意的不断出现，卸载包袱，就必然会成为一种选项。

不要责怪，不要埋怨，更不要指责，也不必说什么不负责任的话。既然他要变成别人的包袱，要把自己的命运主动地交给别人，那别人怎样决定就是别人的权利，就是别人自己的事了。不抛弃，是你的幸运，不放弃，是你的造化，抛弃、放弃，是包袱的常态性结局。没有什么可大惊小怪的，是人之常情而已。

来到一个团队当中，我可以有一时包袱的表象，但我一定没有包袱的言论与身体力行。我一定会给我自己和他人希望。我或许有些笨拙，但我不会忘掉勤奋，我可能反应不是那么敏捷，但我会用重复的技巧和数倍的工作量来弥补这个不足。人一能之己百之，人十能之己千之。明白这千年之理，何患会成为包袱，而被人遗弃？

古代商朝，姜太公年轻时，很有才学，精通兵要，但他的才学没有地方施展，只好通过做生意糊口，但他心不在此，做啥啥不成，有歇后语说姜子牙做生意——一赔到底，姜子牙做买卖——光赔不赚，可见他的不善经营。就这样，大半辈子一晃就过去了，他依然碌碌无为，一贫如洗，相当潦倒，这种潦倒就成了他家庭的包袱。

他的家由他老婆主宰，当时也没有孩子，他老婆开始嫌弃他，终于在一天早晨，姜子牙醒来时发现他老婆已悄悄地收拾好了东西，弃他而去了。

后来的姜子牙变成了姜太公，辅佐武王伐纣，建立了千秋功业，被封为齐王。在姜太公率领大队浩浩荡荡前往齐地上任的路上，遇见了他原来的老婆，她很后悔，还想和姜太公重归于好，姜太公哈哈大笑，说："曾经你看不起我，说我是你的包袱，哈哈，你看你现在这样，又怎么会不是我的包袱？覆水难收啊！"说完，泼了一盘水在地上，就走了。

所以有时候抛弃包袱，让他换一个环境，逼迫一下，或许能够激发起他的斗志，哪怕就是为了姜太公式的报复也不失为一个理由啊。

话是这样说，但真回到现实时，无论什么理由都不要，也不应该想着要做蛀虫。因为被抛弃，是被动式的悲哀，也是可怜乞求的模式，是没有尊严和地位的，即使你猛醒，有了重新做人奋发图强的人生结尾，可至少在你选择做蛀虫的那一段是可怜的，是可悲的，是没有尊严的，是不足取的。再说，姜子牙那是神话，不是神话也是三千年的奇葩。

若你决定了要做别人的包袱，你就没有了自主的权利。

曹操攻灭了争名夺利的袁氏兄弟时，袁尚漏网，逃奔到了与袁家有世交关系的北方三郡乌桓那里。曹操素有宏志，眼观全局，他为了肃清袁氏残余势力，也为了彻底解决三郡乌桓入塞为害的问题，曹操借机挥军远征乌桓，直捣乌桓老巢柳城。

曹军势大，又久经惯战，不久就大获全胜，阵斩乌桓首领蹋顿。但是，这一次袁尚再次漏网，逃到了割据平州的公孙康处。此时，又有人来劝曹操乘势进击公孙康。

曹操听了，笑了笑说："不必了，现在的袁尚已是一个包袱了，乌桓的下场别人都看得到，我只要派一名使者去公孙康那里陈说利害，公孙康就会把袁尚的首级送来，不用再发兵了。"果然，公孙康接待使者后就斩杀了袁尚，献其首级与曹操。

不做包袱，不能做包袱，我的生命我做主，我的职场我决定，我的前途我说了算。

只要相信自己不是包袱，就可以不被他人看作包袱，这一点，毋庸置疑。

## 8. 让自己的舞台更精彩

梦想有多大，舞台就会有多大，舞台越大，人生就会越精彩。

作为一个生命体，必须要思考成长的问题，就像站在属于自己的舞台上，就必须要思想自己的落幕一样。这不是本能，而是一种从属人的固有的惯性，是人人在某一个时刻都会闪动的情结。只要是接触了基础的教育，梦就会浮现。人们都是心存着梦想而来到职场上的起跑线前的，人人都在翘望一个更大的舞台降临。

更大的舞台一定是建立在更高层次上的，它一定是会比现在更壮美，更享受的心灵与视觉的盛宴，所谓“会当临绝顶，一览众山小”。站在最高处眺望四方，尽收眼底的不是波澜壮阔的云海，而是汹涌澎湃的豪迈，不是郁郁葱葱的远山青黛，而是壮志凌云的身心抒怀。站得高就会看得远，看得远就会放大格局，而心胸的格局变大了世界就变小了。

在更高的舞台上舞蹈，是每个舞者都渴望的，但它需要更高的勇气和智慧，只有具备这一切，才能舞出更加精彩的人生。这是人在职场上就应该梦寐以求的愿景，这样的宿营地就应该成为每一个在职场征途上奔跑者的最终目标。

但要想自己的舞台更精彩，就要把握好当下的每一个舞步，要让每一步都舞出美妙和华彩。不是舞台让我们精彩，而是我们精彩让舞台生辉，舞台没有变，变的是我们自己。

职场上，总有人忽略自己的舞台，忘掉自己的身份。明明可以更好，更出色，偏偏忘了自己已在舞台的中央，自己是这个舞台唯一的主角。镁光灯下，聚焦着一个萎靡的自己，一个麻木的灵魂，一个垂死的肉体。

在武汉东湖畔著名的磨山公园里，有一组铜质雕塑，站在四马战车上那个神态霸气的就是楚庄王，他凝视前方，配剑出征，眉宇间流露出天下舍我其谁的超强自信。

楚庄王继位登基后的三年里，不理政务，没有发布一项政令，在处理朝政方面没有任何作为，每天不是出宫打猎，就是在后宫喝酒取乐，并且不允许任何人劝谏，楚庄王通令全国："有敢于劝谏的人，就处以死罪！"朝廷百官都为楚国的前途担忧。

当时，楚庄王心爱一匹马，他给马的待遇超过了给大夫的待遇。后来，这匹马死了。楚庄王竟让群臣给马发丧，并要以大夫之礼为之安葬。对此众臣对庄王非常不满。楚庄王的舞台也因为这些而黯淡无光。

旁观者清，楚国大夫伍举看到天下大国争霸的形势对楚国很不利，就想劝谏庄王放弃荒诞的生活，励精图治，使楚国成为继齐桓公、晋文公之后的诸侯霸主。然而，他又不敢触犯楚庄王的禁令，去直接劝谏；他绞尽脑汁也没有想出使楚庄王清醒过来的办法。

一天，他见庄王在和妃子们做猜谜游戏，楚庄王玩得十分高兴。他灵机一动，决定用猜谜语的办法，来暗示楚庄王。伍举上前要给楚庄王出一个谜语，庄王允诺。伍举说："谜语是：楚京有大鸟，栖上在朝堂，历时三年整，不鸣亦不翔。令人好难解，到底为哪桩？请您猜猜看，这只不鸣也不翔的大鸟，它究竟是只什么鸟？"楚庄王听了，心中明白伍举的意思，笑着说："我猜着了，它可不是只普通的鸟。这只鸟啊，三年不飞，一飞冲天；三年不鸣，一鸣惊人。你等着瞧吧。"伍举明白了楚庄王的意思，便高兴地退了出来。

过了几个月，楚庄王依然故我，既不鸣，也不飞，照旧打猎，后宫取乐。另一位大夫苏从忍受不住了，他来见庄王，进门就大哭。

楚庄王问："先生，什么事这么伤心啊？"

苏从回答道："我为自己就要死了伤心。还为楚国即将灭亡伤心。"

楚庄王很吃惊，便问："你怎么能死呢？楚国又怎么能灭亡呢？"

苏从说："我想劝告您，您听不进去，肯定要杀死我。您整天打猎取乐，不管朝政，楚国的灭亡不就在眼前？"

楚庄王大怒，斥责道："你是想死吗？我早说过，谁来劝谏，便杀死谁。如今你明知故犯，真是愚蠢！"

苏从十分痛切地说："其实您比我还傻，倘若您将我杀了，我死后将得到忠臣的美名；可您若再这样下去，楚国必亡。您就当了亡国之君。您不是比我还傻吗？"

楚庄王似有所悟，觉得大臣们的要求都是合情合理的，至此之后，楚庄王听从了伍举、苏从等人的建议，解散了宫廷乐队，又打发了舞女，半个月以后，楚庄王上朝，亲自处理朝政，决心要大干一番事业。

楚国还是那个楚国，舞台没变，但楚庄王不再是过去的楚庄王了，他起用了六位有才干的人当官参政，把楚国治理得很好。楚庄王的霸业自此开启。经过几年的努力，在一次诸侯国会议上，楚国代替了齐、晋两国，正式成为春秋五霸中新的霸主。

从“庄王葬马”到“一鸣惊人”，楚庄王让自己人生的舞台有了一个华丽的转身，关键是楚庄王自己具有了转身的强烈意愿，从彻悟开始，楚庄王的舞台没有理由不再精彩。

只要相信自己能够精彩，就没有谁可以阻挡你的绽放，这一点，毋庸置疑。

## 9. 播种好种子的三块田

职场成功的过程,其实就是不断播种好种子和收获好收成的过程。

种子原理有六条法则:

一、性质相同;种瓜得瓜,种豆得豆;种善得善,种恶得恶;种下财富,收割富有;种下仇恨,产生怨恨;说的是我们今天得到的,都是曾经种下的,种和得的是一样的东西。

二、积累增长;种子是很小的,但果实却是很大很多的,百倍甚至千倍的比率;说的是只要我们付出给予了一点,回报就会很多,不管好与坏。

三、时间滞后;种子种下后,不会马上就可以见到果实,或者回报,往往要经过一段时间才能显现。说的是我们要有耐心,不要急功近利。

四、确定无误;只要我们没有破坏这粒种子,这粒种子就会千真万确的成熟为与种子一样的果实;说的是种子原理是规律,不是宿命论。

五、方向相反;种种子是给予,是付出;而果实成熟,是收割,是收获;说的是任何的梦想与愿望的达成,都是先要付出才能得来的。舍得舍得,有舍才有得。

六、转换消失;收获了果实后,种子也就不在了;说的是若想经常性获得,就要经常性播种,没有一劳永逸的事情,多种多得,不种不得,少种少得,种一次只能得一次。

播种好种子的福田有三种:敬田、恩田和悲田。

敬田,敬人者,人恒敬之,我们对别人尊敬,别人对我们就尊敬。当尊重他人成为习惯时,表示我们每天都在敬田上播种种子,经过一段孕育之后,我们每天都会被人尊重。

恩田,是以父母师长为代表,他们是我们最大的恩人。滴水之恩当以涌泉相报,上报四重恩,下济三途苦,生活就此会幸福而美好起来。

悲田,对生命中相遇的所有人给予能够做到的帮助,从身边向外延伸,只要有求于己的都要帮助,帮助他们成长成功,由此收获璀璨的职场生命。

三国时期,蜀汉的开国皇帝刘备虽然自称出身汉室宗亲,但实际家境贫穷，以织席贩履为生，少年时多由人资助才得以上学。但刘备却是三国人物中最有好名声的政治家，就连对人要求苛刻的司马迁都称他为先主。这个好名声和刘备平时播种好种子密切相关。

20 多岁的刘备与关羽张飞桃园三结义后，起兵镇压起义军，建立了功勋而后走上历史舞台。但刘备早期一直过着颠沛流离的生活，投靠过多个诸侯，如公孙瓒、田楷、陶谦、曹操、袁绍、刘表等。但只要自己有一点能力，别人若有求，刘备总会出手相救，为自己播种下了很多好种子。

一次，黄巾军管亥率军攻打北海（山东境），时任北海相的孔融在情势危急之下，急派太史慈突围向刘备求救。刘备惊讶地答道："北海相孔融居然知道世上有刘备！"孔融是一代名儒，孔子二十世孙，后因讥讽曹操而遭杀害。孔融孤傲，不苟于世，世间闻名，可见刘备品德获誉之高，又见当时刘备的名声传播之远。

刘备的贤名都是刘备平时日常积累下来的，不是因需而劳。他在任平原县令时，即使不是身为士人的普通百姓，都可与他同席而坐，同簋而食，不会有所拣择。刘备在平原深得人心，但郡民刘平内心不服，想要加害刘备，一次，他唆使刺客前去暗杀刘备。刘备毫不知情，对刺客像平常对其他人一样十分礼遇，刺客深受感动，不忍心杀害，便坦露实情离去。

刘备以德服人，宽仁有度，进而威而有恩，所以刘备能得人死力相助。刘备入徐州，徐州牧陶谦病亡前三让徐州给刘备，刘备赴荆州，莫不归德，荆州豪杰都前往归附刘备，三顾茅庐后，刘备仁德的种子开始开花结果，从而真正拉开了他职场辉煌的大幕。

刘备外御贼寇，在内则乐善好施，陈寿在《三国志》中评价刘备是机权干略不及曹操，但其弘毅宽厚，知人待士，百折不挠，终成帝业。

刘备临死前教育他儿子刘禅"勿以恶小而为之，勿以善小而不为"成为一句名言。他的"惟贤惟德，能服于人"则就是直接告诉儿子，活着就要多种好种子。可惜，扶不起的阿斗最终没能听进去这些话，而最终成了亡国之君。

只要相信种子原理，相信自己，去大力播种，就一定会硕果累累，毋庸置疑。

## 10. 破产很难再从头再来

职场上的破产，实际就是职场对破产者职场态度的一种最直接的惩罚。

职场既然称之为场，那就要有场规，之所以有场规，那是因为职场上充斥着各种形形色色人的表现。有遵守者，也有破坏者，破产是对破坏者及严重违规者的红牌处罚。是对职场的一种规范，是对遵守者的支持。

职场上，态度决定一切，有什么样的态度就有什么样的结果，只要我们回放破产者的职场历程，总能看见导致破产的态度，总可以发现破产不是一朝一夕发生的，而是一步一步濒临破产的边缘的，在这一步一步中，态度一直在推动着脚步来到这个边缘。

破产是职场上最大的否定，是终止参与的惩罚出场，不是警告，而是本场的落幕。

刘欢有一首歌是破产者自我安慰的首选，那就是《从头再来》，其实这首歌不是写给破产者的，是写给重新找回职场勇气的人的。

两者的概念大相径庭，一个可以从头再来，因为曾经没有勇气的人一旦发出“我不能随波浮沉，为了我至爱的亲人，再苦再难也要坚强，只为那些期待眼神”的心声时，生命就要怒放，新的职场灵魂就要诞生，这是一个从未破产的人才能拥有的机会。只是过去偏离了职场轨道而已，现在只要心若在，他们的梦就在，因为职场天地之间还有真爱，回首看成败，人生豪迈，一切只不过是从头再来。

而另一个则很难可以从头再来，因为你是彻彻底底的破产者，你一无所有了，你已经被职场上的执法者给红牌罚下了。

三国时期，曹氏宗亲的曹爽就是这样一个破产者。

曹爽自少以宗室身份经常出入曹魏宫中，职场起点不可谓不高。他与皇位继承人曹叡关系要好。曹叡即位后，曹爽一路迁升，官拜大将军。曹叡临死前又托孤给曹爽和司马懿。

新皇帝曹芳，加封曹爽为武安侯，赐剑履上殿，入朝不趋，权倾一时。后来曹爽用计削去共执朝政的司马懿军权，改任自己兄弟掌管京师禁军，又任命心腹把持朝中要职，看上去是巨细周密，安全稳妥。至此，曹爽达到职场顶峰。

达到顶峰的曹爽开始骄淫奢侈，专权乱政，其极尽奢华的生活，让弟弟曹羲都为他甚为忧虑，曾多次劝谏，曹爽不听。曹爽的倒行逆施和胡作非为已引起朝中一些大臣的不满，司马懿就是其一，他虽称病不上朝，实则是在韬光养晦，谋划推翻曹爽，他在等待良机。

终于，在曹爽兄弟陪天子曹芳离开京师拜祭先皇时，司马懿乘机以迅雷不及掩耳之势发动高平陵政变，他借太后懿旨称曹爽兄弟败乱国典、擅权营私。又派人占据洛水浮桥，关闭了洛阳城门。曹爽接到弹劾表后，一时惊慌失措。

这时，京师内的大司农桓范逃到高平陵与曹爽会合。桓范力劝曹爽带皇帝到许昌，号召全国兵马反击司马懿。曹爽没有主见，他又劝其弟曹羲利用手上军队占据许昌，且表示自己以全家姓名作保，用大司农的身份为他的军队调运粮草。但曹氏兄弟始终犹豫未决。

其实这边的司马懿也怕曹爽会绝地反击，先后派人诱劝曹爽放弃权力，并以洛水为誓允诺其只要交出兵权，便可保留爵位，保留富贵。曹爽想了一夜，决定放弃抵抗，向司马懿认罪投降。当曹爽解下印绶时，桓范大哭，说道："曹真这样有才能的人，却生下你们这群如猪如牛的兄弟！没想到今日受你们的连累要灭族了！"

果然其后不久，曹爽因谋反之罪，在朝议后被诛族。桓范也遭牵连被诛族。

曹爽可能从头再来吗？不可能。像曹爽这样的破产者还有很多，再如南唐后主李煜，便又是一个身在职场却不谋其政的必然破产者。

李煜即位前，曾给自己取号"钟峰隐者"，表明自己无意争位，自己的志趣在于秀丽的山水之间。事实也是如此，李煜25岁即位后，就声色犬马，又喜浮图，为高谈，不恤政事。年年向临国大宋朝贡。在位15年间，从未把自己的态度放在自己的皇帝位置上，而是要么和大周后缠绵悱恻，要么填词作赋，要么去修补《霓裳羽衣曲》。

但对于宋太祖赵匡胤而言：卧榻之侧岂容他人鼾睡，宋朝完成了对其他小王朝的打击之后，开始发兵南唐。此时的李煜仍对宋抱有幻想，希望通过纳贡保全自己父兄的基业，一面派兵消极抵抗，斩杀了主战的忠勇两全的南唐名将，人称“林虎子”的林仁肇。一面向宋太祖求和。当宋兵攻到金陵城下时，李煜才恍然大悟，然大势已去。李煜在念完最后一首唐诗后，奉表投降，被俘至汴京。

李煜精于书画，谙于音律，工于诗文，词尤为五代之冠，但他在政治上就是一个彻头彻尾的昏君。是一个破产者，被后人传诵为千古词人的李煜就是写了再多的“春花秋月何时了？往事知多少。小楼昨夜又东风，故国不堪回首月明中。雕栏玉砌应犹在，只是朱颜改。问君能有几多愁，恰似一江春水向东流”，也改变不了日夕以泪洗面，受尽屈辱，尝尽辛酸，最后被宋太宗用药毒死的可悲下场。

用破产的态度面对职场的结果就是破产，换句话说，导致破产的是不负责任的态度，破产的结果也是不负责任的结果。破产了就是破产了，如何还能从头再来？

只要用正确的职场态度去对待职场，就一定不会破产，这一点，毋庸置疑。

## 11. 新工作等于新开始

职场成功更多是坚持的结果，盲目的新开始往往意味着前功尽弃。

如果没有好的职场态度，那就不要幻想新工作会与现在的有什么不同。用句不准确的话来说：天下乌鸦一般黑；所有的职场规范都一样，所有的岗位要求都差不多，唯一不同的是新开始，意味着过去的经历除了心里存留的那点经验外，所有的记录都消失了，一切都需要重新开始，重新书写你的职场记录。

不要轻易更换新工作。要学习改变心态，学习适应环境和氛围，学习融入团队，学习迁善的能力，学习遇事向自己方向内求的方式。不要有了一点不愉快，有了一丝压抑，有了片刻的委屈，就要选择新环境，就要回避这里，这是逃避的心理在暗中作祟，这是百分之百消极的选择。非万不得已，切不可走上这条路。

就是要换新工作，也要有志向让自己做到高层，做到可以吸引猎头嗅觉的成绩之后，让我们环境的变化来自被动，来自别人的认同和接纳。让别人主动来挖我们，让我们的离开不是找工作的重复开始，而是更上一层楼的新起点。当我们辞职时，有人怀念，有人不舍，有人十里相送，那才是职场上最大的价值体现。

别让自己的离去犹如一粒飘落的灰尘，无声无息，而这又是职场上最大的悲哀。

新工作等于新开始，不等于新起点、新心态、新机会，有时可能是新烦躁、新郁闷、新不快。魏延被诸葛亮冠以脑后有反骨之时，不就是他开始新工作之际吗？

章邯原为秦军主帅，在陈胜起义，诸侯并起，几十万大军逼近函谷关之时，章邯临危受命，靠临时组织起来的骊山囚徒，一败陈胜先锋周文大军，再破齐楚联军，三胜楚军统帅项梁，骁勇无敌，所谓邯不败，即秦不亡。

但在巨鹿，章邯却多次被项羽打败，秦二世派人责备他，章邯惊骇，于是派部将司马欣去面示，司马欣到了咸阳，被赵高留在门外三天，不予接见，有不信任的意思。司马欣很害怕，于是急忙赶回到章邯营中，诉说了咸阳已被赵高把控的事实，并劝章邯投降项羽。

章邯恐惧被赵高迫害，便暗中派人与项羽联络，项羽接受了章邯的投降条件。章邯在率部投降见到项羽时，近60岁的章邯居然大哭，痛诉赵高种种行为，并发誓要服从项羽的调遣和指挥，项羽允诺。可见面对新工作是需要表态的，表态需要流露真诚的，否则和原来有什么差别呢？再有，新工作被接纳也是看实力的，章邯是不用再挖掘的黑马，而是手上还有二十万人，战功彪炳的绩优股。

项羽立章邯为雍王，并命他率领秦军行至新安。而后项羽就召集本署将军商议，认为秦降兵太多，章邯又是带军多年的老将，且素有威望，担心入关中之后不听指挥，引起祸患。于是项羽命令将秦降卒二十余万全部在新安城南连夜坑杀。只留下了章邯和力劝章邯投降的司马欣、董翳三人。又可见任何一个职场都需要忠诚度的，但新人的忠诚度怎么样也赶不上老同事，因为信任还需要一个过程。

之后，刘邦先入咸阳，引起项羽的愤怒，他设立鸿门宴，刘邦屈身低首小心翼翼陪奉才躲过一劫。再后，项羽入咸阳，在得到楚怀王的同意下，分封各路将军为王，他自立为西楚霸王，封刘邦为汉王，领地是巴、蜀和汉中，正式封章邯为雍王，封司马欣为塞王，封董翳为翟王，史称三秦王。但三人为王却只统领一地关中，章邯管辖关中西部，司马欣管辖关中东部，董翳管辖关中北部。目的只有一个：扼制汉王刘邦。所以最后还是要回到业绩和作用这上面来，在老岗位不能承担作用，在新岗位就能胜任吗？

在任何地方工作都要有工作业绩，新工作更是需要做出业绩以证明自己的态度和能力，章邯、司马欣和董翳需要凭借自己的个人影响力，重新招募和培训出一支有数量限制的军队来才能起到扼制刘邦的作用。刘邦当然也知道，所以他不会给章邯等留出足够的时间的。

刘邦四月领兵入汉中，烧毁栈道，表示无意再出兵，实际是在麻痹章邯。八月，在章邯还在训练新兵之际，刘邦就拜韩信为大将，明修栈道，暗度陈仓，挥军东出而拉开了四年楚汉战争的序幕。

要出汉中夺天下，就要先夺关中，这是汉中的地理形势决定的。很快，刘邦的军队就出现在章邯面前，章邯兵不足三万，且多为新兵，根本不是刘邦军的敌手，先败于陈仓，后败于废丘，再次走投无路，章邯不想再做降将而拔剑自杀。

可悲的是司马欣和董翳，他们无力抵抗而再降刘邦，后又见项羽势大，两人又投奔了项羽，成为反复无常之人。身为王和身经百战之履历，却要听命于非知兵之人的海春侯曹咎的调遣，而自始至终不见有所重用。在成皋之战中，因曹咎中了刘邦的激将法，派兵渡汜水出战，士卒刚渡过一半时遭到汉军袭击，而大败。连累司马欣和董翳皆自刎于汜水边。

刘邦对司马欣的反复无常异常痛恨。成皋大胜后，刘邦特意返回司马欣的家乡栎阳，把已死的司马欣斩首，然后把他的人头悬挂在街头，这种事情在史书记载中仅见一次。

非迫不得已，不要总是开始新工作，把自己大好的职场时光浪费在跳槽的疲惫上，每一次都是要归结到个人的努力上的，没有例外。

只要有正确的职场态度，有积极的行动，就一定能做好当下工作，毋庸置疑。

## 12. 生命的祠堂

人生旅途，总会选择几次不同的路程，每一次都是在建自己生命的祠堂。

祠堂文化也是中华传统文化之一，祠堂本义是指汉文化中祭祀祖先或者先贤的场所。但祠堂文化却有更多的内涵。除了有崇宗祀祖，怀抱祖德，慎终追远的意义之外，还有让人饮水思源、报本返始的一种孝思表现。

祠堂本身场地也是多种用途的，平时可用来办理婚、丧、寿、喜等事，也可利用它的宽广作为活动场所，另外，族亲们有时为了商议族内的重要事务，也都主要利用祠堂作为会聚场所，公议是非，对于违反族规之人的惩戒也一般在祠堂内完成。所以说，祠堂也是过去社会条件下的道德法庭。由此，祠堂还有另外一个让灵魂归宿的模糊含义。

本文更多是指一个人要尊重自己每一段历程的灵魂归宿，不要让自己生命的任何一段空白，没有寄放之地。敬畏生命，先从敬畏自己的生命开始。

职场上一定要知的道理：每一段让自己落脚的栖身之处，都是自己生命中一个祠堂，祠堂是承载自己人生履历的守望之地，是怀念之地，是维护之地，是崇尚之地，也是应该时刻敬畏之地。祠堂是不能拆毁的，更不能由自己拆毁自己的祠堂。

身在其中时要敬畏，敬畏不是委屈，不是恭维，不是害怕，而是尊重，珍惜和感恩。

离开这里时要维护，维护不是违心，不是谎言，不是假象，而是不要去谩骂，不要去无端指责，不要心怀仇恨，不要肆意诽谤。

让别人尊重你，你要先尊重自己的历程，否定过去的环境，其实就是在否定你自己。

即使你真的有了委屈，受了苦，想想我们在家里就没有委屈、没有受苦吗？一切都是相对的，当你对自己祠堂诉苦，对容纳你的团队说三道四时，你知道你在别人眼中的形象吗？你还会有机会真正进入另外一个团队吗？如果不想，你的职场生命是不是终止了？

多想你为团队做了什么，少问团队给了我什么，一切就都会豁然开朗。其实只要是团队为我曾经打开过大门，让我进来歇息过，让我有了见识和成长，已经给的很多了，不要贪心，贪心是人心中最大的阻障，是可以毁掉自己职场前途的那个魔鬼。

在《三国演义》中，吕布手持方天画戟，身骑赤兔马，白袍金冠，好不威风的出场，大有当年项羽之风。可谓：人中有吕布，马中有赤兔。

吕布初归附丁原。而离开家乡五原县，开始了他三国第一猛将的征程。因其勇武，丁原升吕布为主簿，并对他很亲近，常以父子相称。后来丁原和董卓发生矛盾冲突，董卓诱使吕布杀了丁原，而转投董卓，并再次结为义父子关系，完成三姓之举。

董卓弄权，成为天下公敌，十八路诸侯起兵讨伐董卓。虎牢关前，吕布大战刘关张而不处下风，书写一段千古传奇。后司徒王允巧施连环计，以美女貂蝉为饵，再诱吕布杀了他的义父董卓。几经反复之后，吕布遂成一股独立势力。但吕布虽然勇猛，却少有计谋，终究难成一帜。他先投袁术，后改投袁绍，与袁绍闹翻后，逃跑途中又与张邈结好，被举为兖州牧。其后参战曹操时，一人独斗曹军六员大将，再次威震四方。张邈失利，吕布再奔刘备。

为了化解刘备和袁术之间不和，吕布辕门射戟，再造神话。但吕布反复无常的性格，使得他与刘备、袁术等诸侯时敌时友，最终不敌曹操和刘备的联军，被缚就擒。当吕布被捆到曹操面前时，曾大喊："捆得太紧了。"曹操笑道："捆绑老虎不得不紧。"吕布又说："曹公若放我，由我率领骑兵，曹公率领步兵，可以统一天下了。"曹操颇为心动，但刘备在一旁说："明公您忘了丁原和董卓的下场了吗？"一句话，让吕布被吊死在白门楼上。

身体可以流浪，但灵魂不能漂泊。

当你一文不名时，没有人太在意你的过去，不会检视你的祠堂，但当你开始步入职场快车道时，你的过往将成为你品格的参考，不要让自己倒在成功的大门旁，就一定要在乎自己的履历，在乎履历就是在乎自己所经过、所路过的每一所祠堂。

做个好人，感恩，怀念，人走茶不凉，就一定有好口碑。这一点，毋庸置疑。

## 13. 领袖的别名叫担当

领袖就是在责任面前要当仁不让，在问题与困难面前要表现出承担气质的人。

破产是领袖的耻辱，有蛀虫是领袖的失职，领袖毫无疑问的，不可推卸的要担当这些责任，承担由此带来的一切消极的后果。

埋怨、指责，无济于事，早干什么去了？总结、检讨对于破产的后果已失去意义，无可挽救。但对于过程中的危机时刻，亡羊补牢，犹未晚也。面对残局，所有人都可以走，唯独领袖要留下来，要接受结果，接受处罚。领袖是不可逃避的代词。

不管是不是自己的劳动、自己的过失、自己的行为导致了不良的后果，直接责任人要承担的，领袖也要承担，这就是领袖回避不了的义务。

领袖，看上去光鲜，实则重任在肩，领袖要时刻保持高度的警觉，因为，领袖的别名叫担当！担当就是为结果负责的人。领袖另一个身份，就是团队发展的最后一道防火墙。

职场上，领袖从来都是勇敢者的选择，所以，我们一定要尊重我们的领袖。因为未知的未来，做领袖需要有底气；因为可见的阻力，做领袖需要有勇气；因为担当的法则，做领袖需要有豪气；因为承载的梦想，做领袖需要有志气；因为必然的困境，做领袖需要有霸气。这样的人无论是否最后站在最高峰，他已经实现了他的人生价值，他应该赢得我们的尊重。

请认真的尊重我们的领袖，领袖是一个清晰的航标。在用智慧和经验引领我们向前进而不触礁。领袖是一个血肉之躯，在用身心铺垫我们的成长之路。当领袖为我们的过失，而无可奈何地承受压力、批评和指责时，我们的心好受吗？当领袖为我们的过错，毫无怨言地承担下那些谩骂、报怨和伤害时，我们的心过意得去吗？当领袖因为我们的负荷，在拼死挣扎、在苦苦支撑时，我们的心里就真的没有感动吗？

担当是领袖的事，而感恩与尊重则是我们的事。

领袖，职场路上的贵人，他是离我们最近的亲人，是最值得我们去尊重的人，是我们最应该感恩的人。职场上没有领袖的陪伴，将一事无成，领袖，我们要向你致敬！

石达开是悲惨的落幕了，但石达开依旧是以一个优秀领袖的身份而载入了史册。

当时，石达开带领残军来到大渡河畔，已是孤军作战了，而江对面重兵驰援的湘军却越聚越多，已听得见马嘶人沸，石达开焦虑万分，可是面对暴涨的冷酷河水，再看看大雨中瑟瑟颤栗的太平军将士，石达开意识到自己和他的士兵已经陷入了绝境。

抢渡不成，粮草用尽，石达开开始绝望，但就是绝望，他也没有忘记自己是这个团队的领袖，他要最后一次承担他应该承担的责任。这时，为求建立“生擒贼首石达开”的奇功，四川总督骆秉章遣使谈判，石达开抓住机会，他决心舍命以保全三军。经过双方谈判，由太平军自行遣散所剩大部人马，这些人大多因此得以逃生。另有两千余人随石达开进入清营，随即遭到扣留并被押解至成都。几个月后石达开被判凌迟。

三国中的诸葛亮在挥泪斩马谡之后，他自察有用人失职的责任，请求自贬三等，以一品丞相降为三品右将军。这也是一种主动担当。

古今中外关于领袖担责的故事有很多，但似乎与我们无关，那就静心的仔细观察，在我们的工作和生活中，是不是也经常会有人默默地去替我们承担许多责任，承担那些因为我们的疏忽、轻视、失误、不努力而造成的不好的后果。

想一想我们的母亲，她是不是无论我们有什么样的病痛，哪怕是一点点小感冒，她都紧张的食不甘味，夜不成眠，甚至她都愿意为我们承担所有的病痛！在她支撑劳累的时候，她总是一个人偷偷的落泪而不让我们看见。

想一想我们的父亲，为了我们的成长、教育和所有的一切，他总是呈现最坚强的一面，他要扛起家中所有的事情，包括苦难。在他劳累的时候，他总是一个人点上一支烟，倒上一杯酒，所有酸楚都在他心里而从未抱怨过，更没有放弃过，没有停止努力过。

因为父母们都深深的知道，既然选择了我们，他们就要担当！

再想一想我们的上级，他们就像父母呵护孩子一样在呵护着我们放飞梦想的平台，殚精竭虑的操劳，在这个过程中他们承受了太多太多我们看不见的压力，体会不到的疲劳。为了这个职场跑道，可能他们的孩子经常只能在睡梦中见到自己的爸爸、妈妈；为了这个事业平台，可能他们的妻子、丈夫只能用亮着的窗灯来等他们回家；为了这个梦想的航站，为了我们共有的理想，他们认为这些都是值得的，只是在他们心里对自己的亲人、爱人、儿女怀上了深深的歉疚烙印，一直珍藏在心底，因为他们还感到了一丝欣慰，那就是我们的尊重和共同的付出。选择了就要承担，这也许就是我们上级的内心独白，就是他许下的承诺。

身处职场，我们想要一个什么样的领袖，想要我们的领袖有何作为，为此，我们又要怎样支持到他，要怎样体现我们的存在和我们的力量？无论怎样，先尊重他们。

只要决心做到理解，就能够读懂，只要决心做到尊重，就能向他致敬。毋庸置疑。

## 14. 没有什么不能做到

做不到，是心理活动，做得到，是身体活动，二者相差了一个结果。

只有想不到，没有做不到，每一个人都能成就自己的职场生命，就看自己投放的潜能有多少了，就看自己愿意的程度了。只要足够付出，保持好心态和持续的全力以赴，人人都能打破世界纪录。我们在《职场巅峰》的课程上已经直接体验了这个可能。

如何在本职岗位上也有破世界纪录的表现呢？这关键是要在日常工作中保持我们一起破世界纪录时的那种状况与紧张的氛围。就是要真真实实的全力以赴，高度集中自己的思想与意志力，并要注意做到长期保持这样的氛围，伙伴之间相互监督和促进，不达到目标绝不放松。只要坚持做到这些，就没有什么不能做到。

很多的半途而废，和预想的困难有关，和假设的不可能有关，是被心所限了。所以要想职场成功或者职场完成目标，就不要设想困难，在没有与你想的困难相遇之前，你所表达的可能不是预见，而是投射，是心里的魔鬼在作怪，无非是要阻挠你的进步而已。其实你遇到的和别人遇到的没什么不同，是对待它态度的不同，导致了结果的不同。

孔子十大弟子之一子贡，受业身通，善于雄辩，且有干济才，办事很通达。子贡的个性当中除了谦逊，还有不畏艰难，迎难而上的一面。

有一次，孔子和众弟子在卫国听说齐国的田常要攻打鲁国，齐国是大国，鲁国可能要灭亡。孔子召集大家说："鲁国是我们的故国，那里有我们祖宗的坟墓，现在鲁国到了很危险的地步，谁能阻止齐国的行动呢？"这时有人说："这是只有诸侯才能做到的事情啊，我们怎么能做到呢？"子贡说："让我去齐国吧，我会不惜一切保全鲁国。"孔子答应了。

子贡来到齐国，见到田常说："您攻打鲁国是错误的。鲁国，是最难攻打的国家，它的城墙单薄而矮小，护城河狭窄而水浅，国君愚昧而不仁慈，大臣们虚伪而不中用，士兵和百姓疲劳又厌战，这样的国家是不可以和它交战的。

您不如去攻打吴国，吴国的城墙高大而厚实，护城河宽阔而水深，铠甲坚固而崭新，士卒都是经过挑选而精神饱满，优秀的人才和精锐的部队都在那里，这样的国家是最容易攻打的。”

田常很愤怒，打断了子贡的话，说：“你这是在戏弄我吧，你认为难的，人家都认为容易；你认为容易的，人家都认为是难的。你是什么用心？”

田常就是后来田氏代齐的氏族家长，他在齐国受到国内其他势力的对抗，他就想通过灭鲁来提升自己的威望。

所以子贡说：“我听说，忧患在国内，要去攻打强大的国家；忧患在国外，要去攻打弱小的国家。如今，您的忧患在国内啊。你攻打鲁国打胜了，你的国君就会更骄纵，你国的大臣就会更尊贵，国君骄纵就无所顾忌，大臣尊贵就争权夺利，这样，对上您与国君感情会产生裂痕，对下您和大臣们相互争夺。您的忧患没有解决还使自己的处境变得危险了。所以说不如去攻打吴国。不能取胜，士兵死在国外，大臣率兵作战朝廷势力空虚，这样，在上没有强臣对抗，在下没有百姓的非难，孤立国君，专制齐国的就只有您了。”

田常认为有道理，但又为难的说：“可是我的军队已开赴鲁国，现在从鲁国撤军转而进兵吴国，大臣们要怀疑我，怎么办？”

子贡说：“那请您按兵不动，派我出使去见吴王，我让他出兵援助鲁国而攻打齐国，您就可趁机迎击它了。”田常认为这是很难做到的事情，但还是决定让子贡去试试。

子贡见到吴王说：“我听说，施行王道的不能让诸侯属国灭绝，施行霸道的不能让另外的强敌出现，在千钧重的物体上，再加上一铢一两的分量都会产生移位。如今，拥有万辆战车的齐国再独自占有千辆战车的鲁国，来和吴国争霸，吴国就危险了。况且去援救鲁国，是显扬名声的事情；攻打齐国，是能获大利的事情。名上保存危亡的鲁国，实际上阻止了强齐的扩张，这道理，聪明人是不会怀疑的。”

吴王听了，说：“虽然很好，但我的邻国越国，有报复我的决心。您等我灭了越国后再按您的话做罢。”

子贡说：“越国的力量不如鲁国，吴国的强大不比齐国，大王把齐国搁置一边，去攻打越国，那么，齐国早已平定鲁国了。攻打弱小的越国而害怕强大的齐国，这不是勇敢的表现。勇敢的人不回避艰难，仁慈的人不让别人陷入困境，聪明的人不会失掉时机，施行王道的人不会让一个国家灭绝。现在，保存越国向各国显示您的仁德，援助鲁国，打击齐国，还给晋国以威力，凭借这些就可树立你的威望，到时，各国一定会竞相来吴国朝见，称霸天下的大业就成功了。大王如果畏忌越国，我请求代你去见越王，让他派全部的军队追随您，不就没有隐患了吗？”

吴王特别高兴，能让越国派全部军队跟随出征，这是很难做到的。但他信赖子贡。

听说子贡来到越国，越王清扫道路，赶到郊外迎接他。

子贡见到越王说：“我已劝说吴王援救鲁国攻打齐国，但他说要先灭了越国再说，如果这样，攻破越国是必然的了。”子贡了解越王卧薪尝胆的事情，所以接着说：“要没有报复人的心志而使人怀疑，太拙劣了；要有报复人的心志又让人知道他，太不安全了；事情还没有发动先叫人知道，太危险了。这三种情况是办事的最大祸患。”

越王很钦佩，请子贡给出主意。

子贡说：“吴王为人凶猛残暴，大臣们难以忍受；国家多次打仗，士兵不能忍耐；伍子胥因谏诤被杀死，百姓怨恨国君；太宰嚭执政顺着吴王过失，来保全私利，大臣内部已发生变乱；这是不好的政治表现啊。现在越王果能出兵辅佐吴王，投合他心志，用珍宝获取他欢心，用谦卑尊他，以示敬服，吴王就会攻打齐国。如果战争不能取胜，那就是大王您的福气了。如果打胜了，他就会带兵逼近晋国，请让我北上会见晋国国君，让晋国攻打它，一定会削弱吴国的势力。等他们的精锐消耗在齐国，重兵又被晋国牵制，大王就可趁它疲惫不堪的时候攻打它，这样一定能灭掉吴国。”

越王答应照计行动。送给子贡黄金百镒，宝剑一把，良矛二支。子贡没有接受，就走了。

当时越国被吴国打败，吴国给越国定的规则是只准养兵三千。但越王为了复仇，暗中训练了很多士兵。所以他派出的全部军队，其实只有三千名。

子贡回到吴国，向吴王做了回复。过了五天，越国派大夫文种也来回复吴王。于是吴王开始去攻打齐国。

子贡离开了吴国，又前往晋国，见到国君说：“我听说，不事先谋划好计策，就不能应付突如其来的变化；不事先治理好军队，就不能战胜敌人。现在齐国和吴国即将开战，如果吴国取得胜利，吴王一定会带着他的军队逼近晋国。”

晋王有些恐慌的问：“那我该怎么办呢？”子贡说：“做好准备，等待吴军的到来。”

后来，吴王在艾陵把齐军打得大败，而保全了鲁国不被侵犯。

再后来，吴王不肯班师回国，带兵逼近晋国，和晋国又在黄池开战，结果晋国获胜。越王听到吴军惨败的消息，偷袭了吴国并最终灭掉了吴国，三年后越王称霸。

子贡出使，完成了看上去很难完成的使命，留下一段乱齐、存鲁、灭吴、强晋、霸越的精彩故事，书写下自己职场传奇的一笔。

态度决定职场上的一切，信念左右着结局，没有不可能，没有做不到，毋庸置疑。

## 15. 彩虹墙上的字

没有人是无缘无故的到来，也不会有人会无牵无挂的离开。

当我们开始咿呀学语的时候，总有人在不厌其烦地一遍一遍又一遍地教授，他们在任何时候想到我们一点点的进步都会挂上笑容；当我们蹒跚学步的时候，总有一只手在牵引，一只手在呵护，生怕我们摔倒，摔倒了我们不疼，他们却心疼万分；当我们去上学的时候，总有人在等待我们放学，就等着我们的歌声飘进窗户，他们就开始忙碌着做饭，似乎每一粒米饭都代表着他们点滴的关怀；当我们踏上职场，开始了工作，总有一双疼爱的眼神在期待我们回家，在默默的为我们祈福平安；当我们受了一点委屈回到家的时候，总相信家里会有一副可以依靠的坚强臂膀给我们抚慰，为我们疗伤。

其实我们从来就没有孤单过，一直都有人在我们的背后，在我们看不到的角落里在支持着、鼓励着、帮助着我们。所以有时感到孤单，是浮躁替代了用心；所以会觉得被冷落，是因为感恩蒙上了灰尘；所以常常以为没人在意，是功利和焦虑迷住了纯洁的心灵。

都说不经历风雨，怎么见彩虹。彩虹是通向成功的美丽桥梁。彩虹墙则是温暖心房的神圣地方。彩虹墙上出现最多的一个字，就是爱。爱在羞涩的中国人嘴里往往欲言又止，常常话到嘴边又咽下。但这一次却和以往都不一样，爱，就像天上的星星一样繁多，它出现多少次，就多少次融化了我们。不管我们在干什么，哪怕就是参加一场培训、一次学习，都有无数可亲可敬的人在注视、在关怀、在牵挂着。在这样的氛围里，我们还有什么理由不集中精力，不去全力以赴？灿烂的生命都是众人举托的，我们已经被托举着。

诸葛亮的故事家喻户晓，但我们更多耳熟能详的是三顾茅庐、隆中对、火烧新野、舌战群儒、草船借箭、鏖战赤壁、三气周瑜、白帝托孤、七擒孟获、六出祁山、诸葛装神、鞠躬尽瘁，死而后已、出师未捷身先死、五丈原。

可是为什么刘备会三顾茅庐呢？这是因为在诸葛亮的身后有一群关心诸葛亮、关注诸葛亮、关爱诸葛亮的人们。他们都是诸葛亮的亲人，有他的岳父黄承彦，他的老师庞德公，他的好友徐庶，他的忘年交司马徽。他们都在为诸葛亮的前途操心着，也鼎力相助着，他们在帮助诸葛亮时，诸葛亮不一定要知道。

诸葛亮出生于一个官吏之家，诸葛氏是山东琅邪的望族，但诸葛亮家这一脉，却命运多舛。诸葛亮 3 岁丧母，8 岁父亡，他随叔父来到荆州地区。几年后，叔父也辞世了，自此，诸葛亮在襄阳附近躬耕陇亩。

因为诸葛亮早期学习用功，很多同学自愧不如，他们又都偏爱这个勤奋的年轻人。当时诸葛亮已 16 岁，平日好念《梁父吟》，常以管仲、乐毅比拟自己，好友徐庶、崔州平等人都相信他有这样的才干。

这一年，刘备千里来荆州依附于刘表，屯兵在新野。刘备此时已经总结了过去不顺利的一些原因——智慧谋略不够，但他壮志不减，期待东山再起。他四处拜访当地名士，求贤若渴。

在遇到有经邦济世之才的司马徽时，司马徽向他推荐说："有些儒生都是见识浅陋的，怎么可能了解当下时局，本地能够高瞻远瞩的只有孔明、徐庶和庞统。"

在路遇名士黄承彦时，黄承彦毫不客气的说："我婿诸葛亮是个奇才。"

当拜访庞德公时，庞德公端正的说："若说当地贤能，当属我赠雅号的三人，水镜先生司马徽，卧龙诸葛亮，凤雏庞统。"

三国初期，素有荆襄高才之美誉，这里名士都很有影响力。当时荆州是东汉末期的学术中心，相对安宁的环境为培养杰出人才提供了条件。最有名的学术领袖就是庞德公、司马徽等人，庞德公又是当地士族领袖，所说的话很有分量。

恰在此前不久，刘备最为信任的军师徐庶也曾对他说过："卧龙与凤雏，得一者，可安天下。"

几个人不约而同提到了诸葛大名，不由不使刘备心生敬仰。本来刘备是希望徐庶引亮来见，但徐庶却建议："此人可以去见，不可以令他屈就到此。将军宜屈尊以相访。"

正是众人的鼎力举荐和认可相扶，才引出三顾茅庐的千古佳话。而诸葛亮的出山入幕，他的才华终于得到施展的空间，未使一生淹没不彰。同时，诸葛亮用个人出色的表现，没有辜负大家的期望，留下浓墨重彩的华丽篇章。

其实，彩虹墙上的字不就是我们身后的力量吗？不就是众人对我们的认可、大家对我们的托举吗？

## 16. 人在职场，就要登上巅峰

职场就是一座山，或者几座山，不站在最高峰，你无法知道它的绝美。人在职场就要达到巅峰状态，虽然我们说职场巅峰不是高峰，但人处高峰一定是巅峰的境界。所以我们要有保持攀登高峰的向上动力。

如果职场真的就是登山，那最美的享受就是一路拾阶而上，忽而宽敞大路，忽而幽静小道；或望远山黛色，看层林尽染，或听鸟语欢鸣，赏百花齐放；尽览路上的风景，畅想山顶的壮丽；既要留恋蜿蜒的美，又能鉴赏风中的花香；赞叹潭水深不见底的容纳，品读大山包容万象的胸怀；能误入歧途依旧不慌不忙，也可随涓涓小溪随性驰往，驻足冥想；总而言之，路上，每一处都要用心欣赏，而用心了，无论结果，都是巅峰的表达。

因为我们知道职场是不相信眼泪的，它不怜悯颓废，也不会眷顾消极。站在山腰的任何抱怨和叹息，只会让你半途而废，发多少句牢骚和埋怨都改变不了现况，唯有不停的前行，才会离巅峰越来越近，所以即使是黑夜即将到来，也不要停下脚步，要想看到完美的日出，就要到山顶上去。

登上山巅，就是让生命辉煌，就是在让我们的人生剧华彩落幕。当我们在演绎我们自己生命剧的时候，虽近在咫尺处，却又远在千里外，所有的人们也在上演他们自己的生命剧。剧本都是由生到死，情节都由自己设计，结局却由观众评说。那些随意涂鸦，半路戛然而止的，是不能绘出绚丽，演出精彩来的。

通过一堂不肯散去的课程，我们知道了在职场路上需要一位好“教练”，这个人可能已经在我们身边许久了，只是我们还没有来得及去用心感受。我们知道好的教练都是一面面镜子，时刻都在照见自己，换句话理解，所有能够使我们清醒地认识自己的人，都是爱我们的“教练”啊。所以说能被常常照见是一件幸福的事。

我们还知道要向我们的祖先寻找智慧，要善于举一反三的学习，不做知识的回应虫，不让方法生锈，不把道理退给教练。用 10 秒钟掌声来不断激活自己，让“巅峰一下”永远回荡在耳边；尊重规则，尊重自己，尊重团队法则，把握当下时空的每一秒，回报生命中的“助教”团们的期望。

在已知上述共性“概念”后，我们开始体验什么是“我认为的我”，我知道我知道的，我知道我不知道的，还有我不知道我知道的，我不知道我不知道的，一切一切的行为都由我的“认为”在支配着，而我其实也是他，他其实就是我，从他的身上就可以看见另一个我，所以要为他、他人负责任，因为这就是在为自己负责任。由负责任开始的认知，让我们明白职场路途中，是一定需要人际关系交流的，聆听则能使得人际关系开启的良好，能够换来信任的倾诉，从而赢得职场坚实的根基；诚实带来真朋友，不被他人信任说明我有问题存在，但我们生来就有九鼎之人的基因，就应该能够克服各种困难，解决各种问题，而这是达成巅峰的必经之路。

在路上，我们会经常承诺，但信用往往也会因此下降，原因就是我们还没有足够重视承诺，不知道承诺是什么，而现在我们会一遍一遍的默念“承诺就是无论如何一定要做到”，除了明确还具备了做到的动力，做不到就会丧失氛围，而氛围又是最大的可以帮助我们抵达巅峰的力量，可见我们今天的所有都是一个过程的结果，这个过程的形成或者推手恰恰就是与之对应的氛围，改变氛围就是改变命运，就是改变了结果，巅峰就是一个结果。

我们还感受了死党的情谊对自己的情绪影响，路上要是始终有一位死党相随将是一件多么幸运的事啊，要求别人真诚自己，我要怎样做他人的死党呢？只想做主人而不愿意做天使的人，是做不了别人的死党的，相扶相助往前走，首先是理念相同，心境一致才能达成啊。而传统孝文化的力量更加强大，在新时代尤显璀璨，让和煦的亲情春风吹遍身体的每一个部位，融化成一种意识，承担中兑现心中最美好和神圣的爱，又是一件多么幸福的事啊。

在感恩的圣曲中来到第二天的课堂，检视了过往自己受伤害的记忆，让不堪回首的一幕幕重现，突破回避，不再逃避，让伤害的往事在阳光下真的烟消云散而成为过去；同时还要审问一下自己内心是什么在阻碍自己不能进入他人的故事，是傲慢，还是冷漠，是优越感，还是自以为是的心理作祟，总之品读自己能让自己更了解自己。因为懂得过去而更要珍惜现在，茫茫人海让我们不要再次受伤和不要因我而让亲人受伤，谁也不知道下一秒会发生什么，那就好好的疼爱和留恋当下的所有吧。让手上的一切都变得弥足珍贵，就要让快乐的表情一直陪伴相随，并要控制住另外三种表情的蔓延或者发生。这种快乐就像童年的那种快乐，是真正无忧无虑的，是纯真无邪的，是脱去身上厚厚而沉重的盔甲的那种快乐。

后来我们知道了红牌与黑牌的代表意义,红牌能够伤到的都是充分信任自己的亲人,而双赢还得要有双赢的实力和资格,原来让活着更加有意义并不是放任自流就能收获的,它需要有梦想,有热情,有行动,还要有问题去面对;波澜壮阔的人生职场有太多的事情要选择承受和接纳,而信任且遵循"高票服从低票"的法理,让很多的困扰远离之时,也不知不觉中扩张了团队,当团队中每一个成员都选择信任和都遵循"高票服从低票"法理时,团队的热量就会得到最高值。

在我是一切的根源的后半程,我们一起体验了处在黑暗中时,要确信把自己交给看得见路的人,这是一种信任,更是一种智慧,把解决问题交给能够解决问题的人,或者信赖他能够解决问题,都是了不起的存世之道。而相信自己也有能力登上职场巅峰,则是职场理念的升华,是生命的蜕变,相信坚持到底,就一定会成功,没有不能坚持的事情,没有翻越不过去的山,则面前瞬间出现笔直的阳关大道,我们就仿佛走在这坦途中且被鲜花簇拥着,一切都是如此美好。

时间在幸福时刻总是过得很快,最后一天悄然而至,首先让我们看到团队天使对团队的贡献,和它应该受到的礼遇,也明白职场上不要好高骛远,要先把身边的天使当成职场的第一榜样,只有过了这一关,才有资格去论述心中偶像的辉煌;不要做蛀虫,蛀虫是可耻的,是要被谴责的,不做乡愿的老好人,要为团队的氛围表态和负责,要让蛀虫学会不断用"无论……我都要……"来激励自己,要迎头赶上,不要气馁,要有包袱是团队负担的一种意识,而是只要是包袱就可能会被抛弃,只有自强才能长久合作;这一天的破产环节也是让人震撼的,记住那一个场景,让他永远不在自己身上发生。

《职场巅峰》的内容远不是我们能够用文字记录完全的,很多隐性的道理和教义会因每一个人的感受而不同,但一个明确的观点却在一直提醒着,那就是人在职场就一定要登上巅峰,这是作为人的要求,而这个标准一点也不难,反而应该成为每一个职场中人的一份职责与义务。

职场路上,唯有装有一团励志的心火,在晨夕之间不松懈这份意志,不放松对自己的职场要求,放大自己要承担的责任,按照《职场巅峰》的内容去践行和落实,放松心情,愉悦身体,扎实脚步,把彩虹墙上的那些殷切期盼化成和煦的春风,始终让它徜徉在胸前,温暖着一路的攀登,相信终究会站在巅峰之上。

只要想到并愿意这样去做到,就一定能够实现巅峰梦想,无一例外。